中高职一体化　高等职业教育教材

分离过程操作与设备

王　珏 ◎ 主编　　王建强 ◎ 副主编
王树华 ◎ 主审

化学工业出版社
·北京·

内 容 简 介

为了全面贯彻党的二十大精神，落实立德树人根本任务，编者团队以化工总控工国家职业技能标准为依据，以一线操作工岗位技能要求为目标，按照"岗课赛证"综合育人的要求进行整体设计，通过挖掘化工生产核心职业技能点，引入典型化工生产案例，对化工单元操作技术课程教学内容进行重构，将化工设备、仪表、原理、仿真、实训等课程的相关知识有机融合，以典型化工生产单元操作为纽带进行一体化的项目化内容设计，编写了《流体输送与传热技术》和《分离过程操作与设备》两本新型活页式教材。

《分离过程操作与设备》主要内容包括精馏技术、吸收 - 解吸技术和萃取及其他分离技术三个大模块，下设 14 个项目，每个项目分为若干个任务，共 40 个任务。各项目中设有"学习目标""项目导言""项目评价""项目拓展"，每个任务包括"任务描述""应知应会""任务实施""任务总结与评价"，便于教学和学生自学，强调对学生工程应用能力、实践技能和综合职业素质的培养。本书重视信息化技术的应用，配套了丰富的信息化资源，扫描二维码即可学习丰富多彩、生动直观的动画、视频等资源。

本书可作为高职、中高职一体化、中职化工技术类及相关专业的教材，也可供化工企业生产一线的工程技术人员参考。

图书在版编目（CIP）数据

分离过程操作与设备/ 王珏主编；王建强副主编. —北京：化学工业出版社，2023.11
ISBN 978-7-122-44672-5

Ⅰ.①分…　Ⅱ.①王…②王…　Ⅲ.①分离 - 化工过程 - 化工单元操作 - 高等职业教育 - 教材②分离设备 - 高等职业教育 - 教材　Ⅳ.① TQ028 ② TQ051.8

中国国家版本馆 CIP 数据核字（2023）第 237208 号

责任编辑：提　岩　熊明燕　　　　　　　　文字编辑：崔婷婷
责任校对：边　涛　　　　　　　　　　　　装帧设计：王晓宇

出版发行：化学工业出版社（北京市东城区青年湖南街13号　邮政编码100011）
印　　装：中煤（北京）印务有限公司
787mm×1092mm　1/16　印张11½　字数266千字　2024年5月北京第1版第1次印刷

购书咨询：010-64518888　　　　　　　　　售后服务：010-64518899
网　　址：http://www.cip.com.cn
凡购买本书，如有缺损质量问题，本社销售中心负责调换。

定　　价：38.00元　　　　　　　　　　　　　　　版权所有　违者必究

前言

随着现代职业教育体系的逐步完善，中高职一体化长学制培养改革日益深化，课程教学模式不断创新，人才培养质量全面提高，社会服务能力明显增强。课程建设是专业发展的核心要素之一，教材建设和教学方式改革是课程建设的重要内容，对学生能力培养起着至关重要的作用。

化工单元操作技术是化工专业群的基础核心课程，涵盖了化工生产操作职业领域的基本知识，是培养学生专业能力的重要课程。在浙江省高水平专业建设背景下，为推进"三教"改革，强化校企协同育人，我们联合了多所职业院校及浙江巨化技术中心有限公司、浙江石油化工有限公司、浙江中控科教仪器设备有限公司、北京东方仿真软件技术有限公司等企业，统筹规划课程建设与配套教材开发工作，对接石化行业职业标准、岗位规范，改进传统教材的不足，推进课程深度改革，培养学生全面发展。经过两年的建设，共同完成了《流体输送与传热技术》和《分离过程操作与设备》两本新型活页式教材的编写工作。

编者团队根据化工岗位工作规范和技术要求，结合国家职业技能标准《化工总控工（中级）》（2019年版）以及学生就业岗位典型工作任务，进行教材教学设计。为有效引导任务培养目标，积极开展课程结构分析，确立专业课程体系，配套任务评价表，将课程思政元素、岗位工作规范和技术标准融入教学内容，依托典型岗位工作任务，形成基于岗位能力培养的新型活页式、工作手册式教材，能有效度量学生技能发展水平，达成人才培养的职业能力目标。

本书由王珏担任主编，王建强担任副主编。其中，模块一由王珏、王建强编写，模块二由鲍乾辉、张哲武编写，模块三由叶富杰、李林编写。全书由王珏统稿，王树华教授主审。

本书通过校企共建共同体实现教学内容与工作需求动态对接，很多素材来自企业一线最新技术和先进成果；采用活页式的形式，便于内容及时迭代和更新。在此对提供了大量素材的参与企业表示衷心的感谢！

由于编者水平所限，书中不足之处在所难免，敬请读者批评指正！

编者
2023 年 9 月

活页式教材使用说明

一、页码编排方式

为了便于对教材中的内容进行更新和替换,页码采用"模块序号—项目序号—页码号"三级编码方式,例如"1-1-2"表示"模块一"的"项目一"的第2页。

二、各类表、单的使用方法

教材中设计了"工作任务单"和"项目综合评价表"。"工作任务单"可根据各任务的学习和实施情况,及时填写;"项目综合评价表"在各项目学习结束时,根据学习和完成情况,从知识、能力、素质、反思等方面进行评价。"工作任务单"和"项目综合评价表"可从教材中取出,填写后提交。

三、活页圈的使用方法

使用活页圈,可灵活方便地将教材中的部分内容携带到一体化教学场地,也可将笔记、习题等单独上交。

四、信息化资源的使用方法

本教材配套开发了丰富的信息化资源,包含设备结构动画、任务指导视频、工艺流程讲解视频、理论知识讲解微课、化工装置操作视频等,扫描书中二维码即可按需学习。

教材还设计"项目拓展"栏目,学生可根据自身需要进行延伸阅读,拓宽知识面和眼界。

目 录

模块一　精馏技术　　　　　　　　　　　　　　　　　　　1-1-1

项目一　蒸馏　　　　　　　　　　　　　　　　　　　　　1-1-1

学习目标　　　　　　　　　　　　　　　　　　　　　　1-1-1
项目导言　　　　　　　　　　　　　　　　　　　　　　1-1-1
任务一　学习蒸馏的基础知识　　　　　　　　　　　　　1-1-2
任务二　了解两组分的气液平衡　　　　　　　　　　　　1-1-6
任务三　认识平衡蒸馏和简单蒸馏　　　　　　　　　　　1-1-8
项目评价　　　　　　　　　　　　　　　　　　　　　　1-1-11
项目拓展　古代蒸馏器与白酒蒸馏技术　　　　　　　　　1-1-12

项目二　精馏　　　　　　　　　　　　　　　　　　　　　1-2-1

学习目标　　　　　　　　　　　　　　　　　　　　　　1-2-1
项目导言　　　　　　　　　　　　　　　　　　　　　　1-2-1
任务一　学习精馏的原理及恒摩尔流假定　　　　　　　　1-2-2
任务二　学习精馏塔的物料衡算　　　　　　　　　　　　1-2-5
任务三　学习精馏塔的温度分布和灵敏板温度　　　　　　1-2-13
项目评价　　　　　　　　　　　　　　　　　　　　　　1-2-15
项目拓展　全回流操作与回流比　　　　　　　　　　　　1-2-16

项目三　传质设备——板式塔　　　　　　　　　　　　　　1-3-1

学习目标　　　　　　　　　　　　　　　　　　　　　　1-3-1
项目导言　　　　　　　　　　　　　　　　　　　　　　1-3-1
任务一　认识板式塔的结构和分类　　　　　　　　　　　1-3-2
任务二　认识板式塔的流体力学性能　　　　　　　　　　1-3-6
项目评价　　　　　　　　　　　　　　　　　　　　　　1-3-9
项目拓展　其他类型的板式塔　　　　　　　　　　　　　1-3-10

项目四　精馏塔单元操作仿真训练　　　　　　　　　　　　1-4-1

学习目标　　　　　　　　　　　　　　　　　　　　　　1-4-1
项目导言　　　　　　　　　　　　　　　　　　　　　　1-4-1
任务一　绘制精馏塔单元流程框图 /PFD　　　　　　　　1-4-2
任务二　穿戴劳保用品　　　　　　　　　　　　　　　　1-4-4
任务三　辨识精馏塔单元的安全风险　　　　　　　　　　1-4-6
任务四　精馏塔的维护与保养　　　　　　　　　　　　　1-4-7
任务五　精馏塔的开车操作　　　　　　　　　　　　　　1-4-9
任务六　精馏塔的停车操作　　　　　　　　　　　　　　1-4-12
任务七　精馏塔的事故处理　　　　　　　　　　　　　　1-4-13
项目评价　　　　　　　　　　　　　　　　　　　　　　1-4-16

项目拓展　可行性研究报告　1-4-17

项目五　精馏操作实训　1-5-1

学习目标　1-5-1
项目导言　1-5-1
任务一　精馏装置的联调与试车　1-5-2
任务二　常压精馏操作实训　1-5-8
任务三　减压精馏操作实训　1-5-11
任务四　事故处理　1-5-14
项目评价　1-5-16
项目拓展　精馏塔单板效率的测定　1-5-17

模块二　吸收－解吸技术　2-6-1

项目六　气体吸收　2-6-1

学习目标　2-6-1
项目导言　2-6-1
任务一　了解气体吸收过程及其应用　2-6-2
任务二　学习吸收基础知识　2-6-5
项目评价　2-6-13
项目拓展　化学吸收　2-6-14

项目七　吸收过程的基本原理　2-7-1

学习目标　2-7-1
项目导言　2-7-1
任务一　了解吸收传质机理　2-7-2
任务二　了解吸收的速率方程　2-7-4
项目评价　2-7-8
项目拓展　吸收法控制 VOCs　2-7-9

项目八　低浓度气体吸收计算　2-8-1

学习目标　2-8-1
项目导言　2-8-1
任务一　了解物料衡算及操作线方程　2-8-2
任务二　了解吸收塔的设计型计算　2-8-4
项目评价　2-8-10
项目拓展　有趣的生活小实验　2-8-11

项目九　传质设备——填料塔　2-9-1

学习目标　2-9-1
项目导言　2-9-1
任务一　了解填料塔设备的分类及工业应用　2-9-2
任务二　认识填料塔的结构和填料的类型　2-9-4
项目评价　2-9-7
项目拓展　工业无水乙醇的制备　2-9-8

项目十　吸收－解吸单元操作仿真训练　　2-10-1

学习目标　　2-10-1
项目导言　　2-10-1
任务一　吸收－解吸的开车操作　　2-10-2
任务二　吸收－解吸的停车操作　　2-10-8
任务三　吸收－解吸单元的事故处理　　2-10-10
项目评价　　2-10-14
项目拓展　事故处理的"四不放过"　　2-10-15

项目十一　吸收－解吸操作实训　　2-11-1

学习目标　　2-11-1
项目导言　　2-11-1
任务一　现场开车操作　　2-11-2
任务二　停车操作与事故处理　　2-11-7
项目评价　　2-11-9
项目拓展　气相色谱法测定吸收解吸中产品浓度　　2-11-10

模块三　萃取及其他分离技术　　3-12-1

项目十二　萃取基础知识　　3-12-1

学习目标　　3-12-1
项目导言　　3-12-1
任务一　了解萃取的基本过程和原理　　3-12-2
任务二　了解萃取的设备和超临界萃取　　3-12-4
项目评价　　3-12-9
项目拓展　屠呦呦和青蒿素　　3-12-10

项目十三　催化剂萃取单元操作仿真训练　　3-13-1

学习目标　　3-13-1
项目导言　　3-13-1
任务一　催化剂萃取单元的开车操作　　3-13-2
任务二　催化剂萃取单元的停车操作　　3-13-6
任务三　催化剂萃取单元的事故处理　　3-13-7
项目评价　　3-13-9
项目拓展　催化剂　　3-13-10

项目十四　其他分离技术　　3-14-1

学习目标　　3-14-1
项目导言　　3-14-1
任务一　认识沉降与流化现象　　3-14-1
任务二　认识结晶技术　　3-14-3
任务三　认识膜分离技术　　3-14-5
项目评价　　3-14-7
项目拓展　分离技术的发展与展望　　3-14-8

参考文献

二维码资源目录

序号	资源名称		资源类型	页码
1	恒沸精馏		动画	1-1-4
2	萃取精馏		动画	1-1-4
3	简单蒸馏		动画	1-1-9
4	塔板流速分布		视频	1-2-3
5	进料状况对精馏操作的影响		动画	1-2-6
6	浮阀塔	浮阀塔的整体浏览	动画	1-3-3
		浮阀塔的外观	动画	
		浮阀塔的结构	动画	
		浮阀塔的原理	动画	
7	液泛		视频	1-3-6
8	雾沫夹带		视频	1-3-6
9	漏液		视频	1-3-6
10	安全帽		视频	1-4-4
11	受限空间作业安全注意事项		视频	1-4-8
12	精馏单元工艺介绍		视频	1-4-9
13	填料塔	填料塔的外观	视频	2-9-2
		填料塔单元科普知识	视频	
		填料塔的原理	视频	
14	吸收 - 解吸工艺介绍		视频	2-10-2
15	气相色谱的结构与原理		视频	2-11-10
16	萃取塔的结构		视频	3-12-4
17	萃取操作		视频	3-13-2
18	重力沉降室		动画	3-14-2
19	旋风分离器	旋风分离器的整体浏览	视频	3-14-2
		旋风分离器的外观	视频	
		旋风分离器的结构	视频	
		旋风分离器的原理	视频	
20	结晶罐		动画	3-14-4

模块一 精馏技术

项目一 蒸馏

学习目标

知识目标
1. 了解蒸馏的原理、分类及特点。
2. 熟悉理想状态下两组分的气液相平衡关系。
3. 掌握平衡蒸馏和简单蒸馏的区别及应用。

能力目标
1. 能够运用蒸馏原理分析和解决工业的蒸馏过程有关问题。
2. 能够根据蒸馏原理,说明简单蒸馏和平衡蒸馏在工业上的应用。

素质目标
培养理论联系实际的思维方式、严谨治学的科学态度。

项目导言

化工生产过程中常见液体混合物的分离,以达到提纯或回收有用组分的目的。互溶液体混合物的分离有很多方法,蒸馏及精馏是最常用的。本项目主要学习蒸馏相关的知识,包含以下内容:

① 学习蒸馏的基础知识;
② 了解两组分的气液平衡;
③ 认识平衡蒸馏和简单蒸馏。

分离过程操作与设备

任务一
学习蒸馏的基础知识

任务描述

请以新入职员工的身份进入本任务的学习，在本任务的学习中了解蒸馏的定义与原理，知道蒸馏的分类及各种蒸馏操作的特点。

应知应会

蒸馏是分离液体混合物的典型单元操作，广泛应用于化工、石油、医药、食品及环保等领域。这种操作是通过加入热量或取出热量的方法，使混合物形成气液两相系统，利用液体混合物中各组分挥发性的不同，或沸点的不同达到分离与提纯的目的。

例如乙醇和水相比，常压下乙醇沸点为78.3℃，水的沸点为100℃，所以乙醇的挥发性比水强。当乙醇和水形成二元混合液欲进行分离时，可将混合液加热，使其部分汽化，形成相互平衡的气液两相。因为乙醇易挥发，使乙醇更多地进入气相，所以在气相中乙醇的浓度要高于原来的溶液。而残留的液相中的乙醇浓度比原溶液减少。若将上述所得的乙醇蒸气冷凝，即可得到乙醇浓度较原来高的冷凝液，从而使乙醇和水得到初步的分离。通常将沸点低的组分称为易挥发组分或轻组分，沸点高的组分称为难挥发组分或重组分。

一、蒸馏的特点

① 通过蒸馏操作，可以直接获得所需要的组分（产品），而吸收、萃取等操作还需要外加其他组分，并需进一步将提取的组分与外加组分再行分离，因此一般蒸馏操作流程较为简单。

② 蒸馏分离应用较广泛，历史悠久。它不仅可分离液体混合物，而且可分离气体混合物和固体混合物。例如，将空气等加压液化，建立气、液两相体系，再用蒸馏方法使它们分离；又如，对于脂肪酸的混合物，可以加热使其熔化，并在减压条件下建立气、液两相体系，也同样可用蒸馏方法分离。

③ 在蒸馏过程中，由于要产生大量的气相或液相，因此需消耗大量的能量。能耗的大小是决定能否采用蒸馏分离的主要因素，蒸馏过程的节能是个值得重视的问题。此外为建立气液体系，有时需要高压、真空、高温或低温等条件，这些条件带来的技术问题或困难，常是不宜采用蒸馏分离某些物系的原因。

二、蒸馏的分类

1. 简单蒸馏和平衡蒸馏

当混合物中各组分的挥发性相差很大，同时对组分分离程度要求又不高时，可用简单蒸馏或平衡蒸馏，它们是最简单的蒸馏方法。

1-1-2

使混合液在蒸馏釜中逐渐受热汽化，并不断将生成的蒸气引入冷凝器内冷凝，使混合液中各组分得以部分分离的方法，称为简单蒸馏或微分蒸馏，是历史上最早应用的蒸馏方法，如图1-1所示。

平衡蒸馏（或闪蒸）是一种单级蒸馏操作。当在单级釜内进行平衡蒸馏时，釜内液体混合物被部分汽化，并使气相与液相处于平衡状态，然后将气液两相分开。这种操作既可以间歇又可以连续方式进行。化工生产中多采用连续操作的平衡蒸馏装置。混合液先经加热器升温，使液体温度高于分离器压力下液体的沸点，然后通过减压阀使其降压后进入分离器中，此时过热的液体混合物即被部分汽化，平衡的气液相在分离器中得到分离。通常分离器又称为闪蒸罐（塔），如图1-2所示。

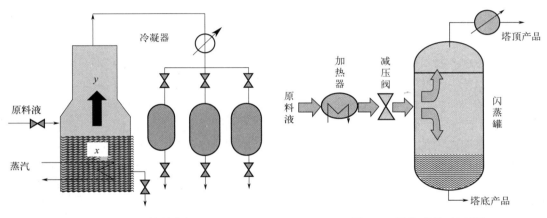

图1-1　简单蒸馏　　　　图1-2　平衡蒸馏（闪蒸）

2. 精馏

当混合物中各组分的挥发性相差不大，又要求分离程度很高时，则采用精馏。根据操作压强不同，精馏可以分为常压精馏、减压精馏和加压精馏，如图1-3所示。精馏是工业生产中用以获得高纯组分的一种蒸馏方式，应用极为广泛，在项目二中会详细介绍。

3. 两组分精馏和多组分精馏

两组分混合物是最简单的混合物，所以两组分混合物的精馏是最简单的精馏过程。实际混合物常常不只包含两个组分，而是多个组分。如果混合物中主要是两组分，其他组分含量很少，同时它们的存在既不影响分离过程，也不影响分离所得产品的质量和进一步使用，则可以当作两组分混合物处理。多组分混合物的精馏过程比较复杂，但就精馏过程的基本原理来说，多组分精馏与两组分精馏基本上是相同的。

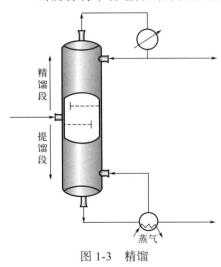

图1-3　精馏

4. 特殊蒸馏

常用的简单蒸馏、平衡蒸馏和普通精馏以外的精馏方法统称为特殊蒸馏。

当分离相对挥发度接近于1的混合物系时，若采用普通精馏方法，所需理论板数过多，同时回流比也很大，经济上不合算。而对于具有恒沸点的非理想溶液，由于恒沸点处相对挥发度等于1，用普通精馏方法则不能分离。

上述两种情况均需要用非常规的特殊蒸馏来处理，常见的有恒沸精馏和萃取精馏两种方法。这两种方法的基本原理都是在混合液中加入第三组分，以提高各组分间相对挥发度。

如果双组分溶液A、B的相对挥发度很小，或具有恒沸物，可加入某种添加剂（又称挟带剂）C，挟带剂C与原溶液中的一个或两个组分形成新的恒沸物（AC或ABC），新恒沸物与原组分B（或A）以及原来的恒沸物之间的沸点差较大，从而可较容易地通过精馏获得纯B（或A），这种方法便是恒沸精馏。

恒沸精馏

例如分离乙醇-水恒沸物以制取无水乙醇便是一个典型的恒沸精馏过程。它是以苯作为挟带剂，苯、乙醇和水能形成三元恒沸物，其恒沸组成的摩尔分数分别为：苯74.1%、乙醇18.5%、水7.4%，此恒沸物的恒沸点为64.6℃。由于新恒沸物与原恒沸物间的沸点相差较大，因而可用精馏分离并进而获得纯乙醇。

若在原溶液中加入某种高沸点添加剂后可以增大原溶液中两个组分间的相对挥发度从而使原料液的分离易于进行，这种精馏操作称为萃取精馏。所加入的添加剂为挥发度很小的溶剂，也可称为萃取剂。例如，欲分离异辛烷-甲苯混合液，因常压下甲苯的沸点为110.8℃，异辛烷的沸点为99.3℃，其相对挥发度较小，用一般精馏方法很难分离，若在溶液中加入苯酚（沸点181℃）作为萃取剂，由于苯酚与甲苯分子间作用力大，甲苯大量溶于苯酚，溶液中甲苯的蒸气压显著降低，这样，异辛烷与甲苯的相对挥发度大大增加，即可进行精馏分离了。

萃取精馏

萃取精馏中加入的第三组分和原溶液中的各组分不形成新的恒沸物，这是萃取精馏和恒沸精馏的主要区别。

5. 间歇蒸馏和连续蒸馏

间歇蒸馏是将物料一次加入蒸馏釜中进行的蒸馏操作，如图1-4所示。塔顶排出的蒸气冷凝后，一部分作为塔顶产品，另一部分作为回流送回塔内。操作终了时，产品一次性从釜内排出，然后再进行下一批的蒸馏操作，故间歇蒸馏又称为分批蒸馏，多应用于小规模生产或某些有特殊要求的场合，例如：①原料液分批生产；②批量小，种类多，产品组成又经常变化，且分离要求较高；③多组分混合物的初步分离。

工业生产中多为处理大批量物料，通常采用连续蒸馏。

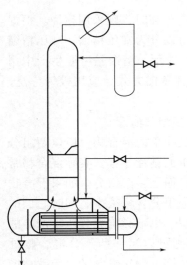
图1-4　间歇蒸馏

任务实施

工作任务单　学习蒸馏的基础知识

姓名:	专业:		班级:		学号:		成绩:

步骤	内容
任务描述	请以新入职员工的身份进入本任务的学习，在任务的学习中了解蒸馏的定义与原理，知道蒸馏的分类及各种蒸馏操作的特点。
应知应会要点	（需学生提炼）
任务实施	1. 根据所学知识，说说蒸馏操作的目的与依据。 目的： 依据： 2. 同学们已经熟悉了各种蒸馏操作及其特点，请按以下方式将蒸馏操作分类，并简单概述其适用工艺条件。 ① 按操作方式分为： ② 按操作压力分为： ③ 按组分多少分为： ④ 按操作是否连续分为：

任务总结与评价

谈谈本次任务的收获与感悟。

任务二
了解两组分的气液平衡

任务描述

请以新入职员工的身份进入本任务的学习，在任务的学习中了解两组分的气液平衡。

应知应会

一、饱和蒸气压

1. 蒸气压

在自然界中某种液体的表面总是存在着该物质的蒸气，蒸气压就是这些蒸气对液体表面产生的压强。比如，水的表面就有水蒸气压，当水烧开，温度为100℃时，水的蒸气压等于一个大气压。蒸气压会随着温度的变化而变化，温度越高，蒸气压越大；不同物质的蒸气压也不相同。

2. 饱和蒸气压

一定的温度下，与同种物质的液态处于平衡状态时蒸气所产生的压强叫饱和蒸气压，它随温度升高而增加。例如：放在杯子里的水，因为不断蒸发会变得愈来愈少。如果把水放在一个密闭的容器里，并抽走上方的空气，当水不断蒸发时，水面上方的蒸气压就不断增加，但是，当温度一定时，蒸气压最终稳定并且不再变化，这时的蒸气压称为水在该温度下的饱和蒸气压。饱和蒸气压是物质的一个重要性质，它的大小取决于物质的本性和温度。饱和蒸气压越大，表示该物质越容易挥发。

当气相压力的数值达到饱和蒸气压力的数值时，液相的水分子仍然不断地汽化，气相的水分子也不断地冷凝成液体，只是由于水的汽化速度等于水蒸气的冷凝速度，液体量才没有减少，气体量也没有增加，液体和气体达到平衡状态。所以，液态纯物质蒸气所具有的压力为其饱和蒸气压力时，气液两相达到了相平衡。

研究表明，液体的饱和蒸气压越大，沸点就越低，挥发性就越强。

二、挥发度

液体的沸点和饱和蒸气压可以表示挥发性的大小，也可以用挥发度来表示。

纯液体挥发度的表示方法：

$$v_A = p_A/x_A \qquad v_B = p_B/x_B \tag{1-1}$$

式中　v_A、v_B——分别为 A、B 两个组分的挥发度；

　　p_A、p_B——分别为 A、B 两个组分的饱和蒸气压；

　　x_A、x_B——分别为 A、B 两个组分的摩尔分数。

理想溶液挥发度的表示方法：$v_A = p_A^\circ \quad v_B = p_B^\circ$

式中，p_A°、p_B° 分别为理想溶液 A、B 两个组分的饱和蒸气压

溶液中两个组分的挥发度之比，称为相对挥发度，以 α 表示。

$$\alpha = \frac{v_A}{v_B} \tag{1-2}$$

当相对挥发度 $\alpha > 1$ 时，表示 A 组分的挥发度大于 B 组分的挥发度，这种物系的分离就可以采用普通的精馏方法；当相对挥发度 $\alpha \approx 1$ 时，则表示 A 组分的挥发度与 B 组分的挥发度基本相同，就不能用普通蒸馏方法进行分离。因此，相对挥发度的大小，可以用来判定用蒸馏方法进行分离的难易程度。

三、双组分理想溶液的气液相平衡关系

在一定温度和压力下，当溶液达到平稳时，气液相组成之间的变化关系称为气液相平衡关系，可以用拉乌尔定律或者气液相平衡方程来表示。

（1）拉乌尔定律
$$p_A = p_A^\circ x_A \tag{1-3}$$

$$p_B = p_B x_B$$

式中 p_A、p_B——A、B 两个组分的平衡分压，Pa；

p_A°、p_B°——理想溶液 A、B 两个组分的饱和蒸气压，Pa；

x_A、x_B——A、B 两个组分的摩尔分数。

（2）气液相平衡方程
$$y = \frac{p_A^\circ x_A}{p} \tag{1-4}$$

用相对挥发度表示的气液相平衡方程：
$$y = \frac{\alpha x}{1 + (\alpha - 1)x} \tag{1-5}$$

任务实施

工作任务单　了解两组分的气液平衡

姓名：	专业：		班级：	学号：		成绩：
步骤	内容					
任务描述	请以新入职员工的身份进入本任务的学习，在任务的学习中了解两组分的气液平衡。					
应知应会要点	（需学生提炼）					
任务实施	1. 请写出理想状态下，气液相平衡的关系。 2. 写出相对挥发度表示的气液相平衡方程。 3. 查阅相关文献，了解乙醇和水为什么不能采用普通精馏实现完全分离。					

任务总结与评价

谈谈本次任务的收获与感悟。

任务三
认识平衡蒸馏和简单蒸馏

任务描述

请以新入职员工的身份进入本任务的学习,熟悉平衡蒸馏与简单蒸馏装置与计算,将两者作比较,提炼出两者的共同点与区别。

应知应会

一、平衡蒸馏(闪蒸)

平衡蒸馏(图 1-5)是液体的一次部分汽化或蒸汽的一次部分冷凝的蒸馏操作。生产工艺中的溶液的闪蒸分离是平衡蒸馏的典型应用。

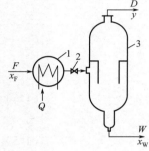

图 1-5 平衡蒸馏

1—加热器;2—减压阀;3—分离器

混合液通过加热器升温(未沸腾)后,经节流阀减压至预定压力送入分离器,由于压力的突然降低,使得从加热器来的过热液体在减压情况下大量自蒸发,最终产生相互平衡的气液两相。气相中易挥发组分浓度较高,与之平衡的液相中易挥发组分浓度较低,在分离器内气液两相分离后,气相经冷凝成为顶部产品,液相则作为底部产品。

闪蒸过程可通过物料衡算、热量衡算以及相平衡关系求解所需参数。

下面以两组分混合液连续稳定闪蒸过程为例给予说明。

1. 物料衡算

由图 1-5 所示的整个平衡蒸馏装置作物料衡算,得:

总物料: $\quad F=D+W \quad$ (1-6)

易挥发组分: $\quad Fx_F=Dy+Wx \quad$ (1-7)

式中,F、D、W 分别为原料液、气相与液相产品流量,kmol/h;x_F、y、x 分别为原料液、气相与液相产品的摩尔分数。

根据总物料和易挥发组分的物料衡算式得: $\quad y=\left(1-\dfrac{F}{D}\right)x+\dfrac{F}{D}x_F \quad$ (1-8)

若令 $q=\dfrac{W}{F}$,则 $\dfrac{D}{F}=1-q$,代入上式得:$y=\dfrac{q}{q-1}x-\dfrac{x_F}{q-1} \quad$ (1-9)

式中,q 为液化分率。

式(1-9)表示平衡蒸馏时气液相组成之间的关系。

2. 热量衡算

对图 1-5 所示的加热器进行热量衡算,且热损失可忽略,则有:

$$Q=Fc_F(T-t_F) \quad (1\text{-}10)$$

式中　Q ——加热器的热负荷，kJ/h 或 kW；
　　　c_F ——原料液比热容，kJ/(kmol·℃)；
　　　t_F ——原料液温度，℃；
　　　T ——通过加热器后原料液的温度，℃。

原料液进入分离器温度由 T 降到 t_e 所放出的显热恰等于汽化液体所需的汽化热，即：

$$Fc_F(T - t_e) = (1-q)Fr \quad (1-11)$$

式中　t_e ——分离器中平衡温度，℃；
　　　r ——产品的汽化热，kJ/kmol。

根据式（1-11）可计算出原料液离开加热器的温度 T。

3. 气液平衡关系

若为理想溶液，其平衡关系为：

$$y = \frac{\alpha x}{1+(\alpha-1)x} \quad (1-12)$$

若已知进料组成和生产任务所要求的汽化率（1-q），联立物料衡算、热量衡算和平衡关系三个关系式，可计算平衡蒸馏的 y 和 x。

二、简单蒸馏

简单蒸馏是一种间歇操作，其设备如图 1-6 所示。原料液直接加入蒸馏釜至一定量后，蒸馏釜内料液在恒压下以间接蒸汽加热至沸腾汽化，所产生的蒸气从釜顶引出至冷凝器全部冷凝，作为塔顶产品送入产品贮罐，由蒸馏原理知，釜顶易挥发组分的浓度将相对增加。当釜中溶液浓度下降至规定要求时，即停止加热，将釜中残液排出后，再将新料液加入釜中重复上述蒸馏过程。随着蒸馏过程的进行，釜内溶液中易挥发组分含量愈来愈低，随之产生的蒸气中易挥发组分含量也愈来愈低。生产中往往要求得到不同浓度范围的产品，可用不同的贮罐收集不同时间的产品。

简单蒸馏

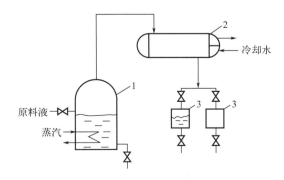

图 1-6　简单蒸馏装置
1—蒸馏釜；2—冷凝器；3—贮罐

简单蒸馏计算主要内容是根据原料液的量和组成来确定馏出液与釜残液的量和组成

分离过程操作与设备

之间的关系。由于在简单蒸馏过程中，釜残液的量和组成均随时间而变，因此应做微分衡算。根据物料衡算式和气液平衡关系，若气液平衡关系可用式（1-12）表示，则可得到 F、W、x_1 及 x_2 之间的关系：

$$\ln \frac{F}{W} = \frac{1}{\alpha-1}\left(\ln \frac{x_1}{x_2} + \alpha \ln \frac{1-x_2}{1-x_1}\right) \tag{1-13}$$

式中　W ——釜残液量，kmol；

　　　x_2 ——釜残液组成的摩尔分数；

　　　x_1 ——原料液组成的摩尔分数。

馏出液量 D 和平均组成 x_D，可通过物料衡算求得，即：

总物料：　　　　　　　　　　　　$D=F-W$ 　　　　　　　　　　　（1-14）

易挥发组分：　　　　　　　　　$Dx_D = Fx_1 - Wx_2$ 　　　　　　　　（1-15）

便可求得 D、W、x_2、x_D。

平衡蒸馏和简单蒸馏都是直接运用蒸馏原理进行组分初步分离的一种操作，分离程度不高，可作为精馏的预处理步骤。这两种蒸馏过程的流程、设备和操作控制都比较简单，但因其分离程度很低，不能满足高纯度的分离要求。因此，主要用在分离沸点相差比较大或分离要求不高的场合。要实现混合液的高纯度分离，还是需要采用精馏操作。

任务实施

工作任务单　认识平衡蒸馏和简单蒸馏

姓名：	专业：		班级：	学号：	成绩：
步骤	内容				
任务描述	请以操作员的身份进入本任务的学习，熟悉平衡蒸馏与简单蒸馏装置与计算，将两者做比较，提炼出两者的共同点与区别。				
应知应会要点	（需学生提炼）				
任务实施	简单蒸馏和平衡蒸馏的流程、操作、分离效果、操作方式（是否可以连续），通过这几个方面的比较，简述简单蒸馏与平衡蒸馏的共同点与区别。				

任务总结与评价

谈谈本次任务的收获与感悟。

1-1-10

模块一 精馏技术
项目一 蒸馏

项目评价

项目综合评价表

姓名		学号		班级	
组别		组长及成员			

项目成绩： 总成绩：

任务	任务一	任务二	任务三
成绩			

自我评价

维度	自我评价内容	评分（1～10分）
知识	了解蒸馏的原理、分类及特点	
	熟悉理想状态下两组分的气液相平衡关系	
	掌握平衡蒸馏和简单蒸馏的区别及应用	
能力	运用蒸馏原理分析和解决工业的蒸馏过程有关问题	
	根据蒸馏原理，能够说明简单蒸馏和平衡蒸馏在工业上的应用	
素质	树立工程观念和培养理论联系实际的思维方式、严谨治学的科学态度	
我的反思	我的收获	
	我遇到的问题	
	我最感兴趣的部分	
	其他	

1-1-11

项目拓展

古代蒸馏器与白酒蒸馏技术

用蒸馏工艺制取含酒精（乙醇）量较高的饮用酒，今称白酒，俗称烧酒。中国蒸馏酒（白酒）是中华民族的伟大创造，其独特的工艺、窖池等独有的设备与世界其他蒸馏酒均有不同。同时蒸馏酒亦是世界科技发展的标志之一，对中国白酒进行全面剖析，向世人证明中国人创造白酒的价值，解开中国白酒未知的谜团，将中国白酒发展创新，其意义深远。中国何时始有烧酒，是自创还是传入？学术界迄今仍有争议。用蒸馏的方法制取烧酒，蒸馏酒器无疑是关键的技术设备，因而蒸馏酒的起始问题，就是蒸馏器的出现问题。

学术界大多数认为商代尚未诞生白酒蒸馏技术。但是杜金鹏先生认为，安阳殷墟妇好墓出土的汽柱铜甑作为炊器，也可用于蒸馏白酒。

一般认为，汽柱铜甑是炊具，置于鬲上利用蒸汽蒸制食品。这种看法有其道理，但是很显然，它又绝非普通的蒸制食品的甑。普通铜甑在妇好墓出土多件，形制与汽柱甑有所不同，均侈口，腹瘦深，平底或凹底，上留四个汽孔。两相比较，他推测汽柱甑有可能是用于蒸制流质或半流质食品的，也更有可能是蒸馏酒的器具。制取含乙醇（酒精）量较高、清澄无杂质的白酒，要经过蒸馏。其基本原理和过程是，把发酵完毕的酒料或经初步滤沥的浊酒加热，制取其蒸汽，然后将之冷却成液体，便得到白酒。汽柱铜甑正可作为整套原始蒸馏酒具的关键性构件。

1956 年，上海博物馆从废铜中拣出一套汉代青铜蒸馏器。该蒸馏器由一甑一釜组成，甑和箅呈网格状，在其上方从甑壁上斜伸出宽 2.6～2.9cm 的一周分隔板，隔板的内侧（下方）形成一个"储料室"，外侧（上方）形成承滴汇流槽，有一圆形管从槽底通向甑外，甑与釜以子母口对接，釜肩有一圆形注管。甑与釜各有一对圆环捉手。釜底有烟灰，显然使用过。甑盖已佚。该蒸馏器通高 45.5cm。甑上有聚集蒸馏液的排流管，釜上有加注蒸馏液料的小管。与通常所见的汉代用甑、釜组合而成的甑相似。甑高 21.1cm、口径 28.8cm、圈足高 27cm、流管长 4.1cm。釜高 26.2cm、口径 17.4cm、腹径 31.1cm、底径 12.5cm。注水管长 6.7cm。甑与釜之间有一个网格形的箅，箅径 17.7cm。在箅的上面与内壁连铸有一周微呈凸弧形的边。这周弧形的边和箅之间形成了一个特殊的空间，有两层作用：第一层是蒸发的气体通过箅孔遇甑壁冷凝成液体后流向槽道聚集起来，通过流孔，流出甑外，这两部分即集流槽和排流管。第二层是在箅上放置某种待蒸馏的物品，通过蒸气蒸发，混入气冷凝后，获得蒸馏所需的成分。这个甑内的特殊空间，实为"储料室"。储料室弧形边宽 2.6cm、口径 17.1cm。储料室的容积约为 1900mL。储料室上口至甑的口部为凝露室，容积约为 7500mL。蒸气通过储料室，取得蒸馏成分。

项目二　精馏

学习目标

知识目标

1. 掌握精馏的原理。
2. 理解恒摩尔流假定在精馏操作中的意义。
3. 了解精馏塔物料衡算的方法。

能力目标

1. 在理解精馏原理的基础上，明晰精馏过程中塔板上组分的变化过程，能够准确表述精馏的原理。
2. 在理解恒摩尔流假定的基础上，对全塔进行物料衡算。

素质目标

1. 在计算过程中培养学生细心的品质。
2. 理解产品收率在实际工程中的意义，培养学生的产品意识。

项目导言

化工生产中经常会遇到液体混合物的分离，以达到提纯或者回收有用组分的目的，分离互溶的液体混合物有很多方法，精馏是最常用的方法之一。精馏是利用混合物中各组分挥发度不同而将各组分加以分离的一种分离过程。

本项目将学习以下内容：

① 精馏的原理及恒摩尔流假定；
② 学习精馏塔的物料衡算；
③ 学习精馏塔的温度分布和灵敏板温度。

任务一
学习精馏的原理及恒摩尔流假定

任务描述

请以新入职员工的身份进入本任务的学习,在任务中学习精馏的原理及恒摩尔流假定。

应知应会

一、精馏的原理及精馏过程

简单蒸馏及平衡蒸馏都只能部分地分离液体混合物,通常不能满足工业上高纯度分离的要求,但精馏操作可以实现。

精馏原理可用 t-x-y 图来说明,如图 2-1 所示。组成为 x_F、温度为 t_F 的原料液加热至温度 t_1(泡点以上),使其部分汽化,并将气相和液相分开,气相组成为 y_1,液相组成为 x_1,且 $y_1 > x_F > x_1$。将组成为 y_1 的气相混合物进行部分冷凝至温度 t_2,则可得到气相组成为 y_2 与液相组成为 x_2 的平衡两相,且 $y_2 > y_1$。继续将组成为 y_2 的气相混合物进行部分冷凝至温度 t_3,则可得到气相组成为 y_3 与液相组成为 x_3 的平衡两相,且 $y_3 > y_2 > y_1$。如此进行下去,最终的气相获得高纯度的易挥发组分,全部冷凝后即为产品。同时,将组成为 x_1 的液相加热,使之部分汽化,平衡的气液相分开得到的液相组成为 x_2',且 $x_2' < x_1$,继续将组成为 x_2' 的液体进行部分汽化,平衡的气液相分开得到的液相组成为 x_3',且 $x_3' < x_2' < x_1$。如此进行下去,最终的液相即为高纯度的难挥发组分产品。

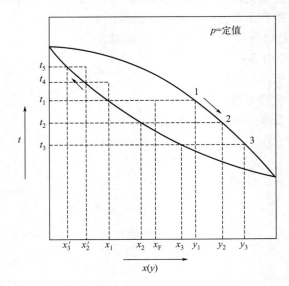

图 2-1 精馏原理示意图

由此可见，液体混合物经过多次部分汽化和部分冷凝后，便可几乎完全地分离，这就是精馏过程的基本原理。

为实现精馏操作，除需要有足够塔板层数的精馏塔之外，还必须从塔底引入上升蒸气（气相回流）和从塔顶引入下降的液流（液相回流），以建立气-液两相体系。塔底上升蒸气和塔顶液相回流是保证精馏操作过程连续稳定进行的必要条件。

进料板的位置取决于混合液的浓度，生产上要求混合液的浓度要尽量与进料板上液体的浓度接近，这样混合液进入塔内后，不会因为浓度相差太大而破坏塔内的气液相平衡。

精馏塔常设有多个进料口，这是为了在混合物浓度发生变化时，可以选择合适的进料口。在生产中通常将进料板以上的部分称为精馏段，进料板以下的部分称为提馏段，如图2-2所示。在精馏段内越往塔顶轻组分的浓度越高，得到浓度较高的塔顶产品，在提馏段内越往塔底重组分的浓度越高，得到浓度较高的塔底产品。因此，生产中常说精馏段提浓的是轻组分，而提馏段提浓的是重组分。在整个精馏塔内，塔底的温度最高，而塔顶的温度最低。

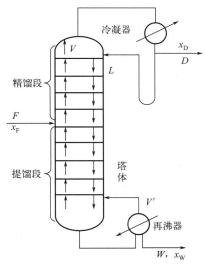

图2-2 精馏塔内气液相流动情况

气相在压差的作用下逐板向上流动，液相在重力的作用下逐板向下流动。每层塔板上都有一定厚度的液体层，当气体向上流动时要穿过液体层，并与液体相互接触，在气体向液体传热的同时有部分气体冷凝；在液体得到热量的同时有部分液体汽化，冷凝的大多是重组分，进入液相，汽化的大多是轻组分，进入气相。在每块塔板上都进行着这样的冷凝和汽化过程，每一次的冷凝都会使液相中的重组分浓度增大，而每一次的汽化都会使气相中的轻组分浓度增大，这就是生产中常说的多次部分汽化和多次部分冷凝使混合液得到分离。上述过程还说明了在每层塔板上不仅有热量的传递，而且还有质量的传递。

二、恒摩尔流假定

为简化精馏计算，提出恒摩尔流假定，即：

（1）恒摩尔气流 恒摩尔气流是指在没有中间加料（或出料）条件下，精馏塔内各层板的上升蒸气摩尔流量相等，但精馏段和提馏段的上升蒸气摩尔流量不一定相等。即

精馏段 $V_1 = V_2 = V_3 = \cdots = V = $ 常数

提馏段 $V_1' = V_2' = V_3' = \cdots = V' = $ 常数

式中 V ——精馏段中上升蒸气的摩尔流量，kmol/h；

V' ——提馏段中上升蒸气的摩尔流量，kmol/h。

下标表示塔板的序号。

（2）恒摩尔液流 恒摩尔液流是指在没有中间加料（或出料）条件下，精馏塔内各层板的下降液体摩尔流量相等，但精馏段和提馏段

塔板流速分布

分离过程操作与设备

的下降液体摩尔流量不一定相等。即

精馏段 $L_1 = L_2 = L_3 = \cdots = L = $ 常数

提馏段 $L_1' = L_2' = L_3' = \cdots = L' = $ 常数

式中 L ——精馏段中下降液体的摩尔流量，kmol/h；

L' ——提馏段中下降液体的摩尔流量，kmol/h。

在精馏塔的塔板上气 - 液两相接触时，若有 n kmol/h 的蒸气冷凝，相应有 n kmol/h 的液体汽化的前提下，恒摩尔流动的假定才能成立。为此必须符合以下条件：①各组分的摩尔汽化潜热相等；②各板上气液两相接触时，因温度不同而交换的显热可以忽略；③塔设备保温良好，可忽略热损失。

由此可见，对基本符合以上条件的某些物系，如苯 - 甲苯、乙烯 - 乙烷、乙醇 - 水等，在精馏塔内可视为恒摩尔流动。后面介绍的精馏计算均是以恒摩尔流假定为前提的。

任务实施

工作任务单　学习精馏的原理及恒摩尔流假定

姓名：	专业：		班级：		学号：		成绩：
步骤	内容						
任务描述	请以新入职员工的身份进入本任务的学习，在任务中学习精馏的原理及恒摩尔流假定。						
应知应会要点	（需学生提炼）						
任务实施	1. 请绘制精馏的原理示意图（至少包含三块塔板）。 2. 简述恒摩尔流假定，并说明其有何重要意义。						

任务总结与评价

谈谈本次任务的收获与感受。

1-2-4

任务二 学习精馏塔的物料衡算

任务描述

请以新入职员工的身份进入本任务的学习,在任务中学习精馏塔的物料衡算。

应知应会

一、全塔物料衡算

对于连续稳定操作的精馏塔,进料、馏出液和釜残液的流量与组成之间的关系受全塔物料衡算的约束。通过对精馏塔的全塔物料衡算,可以求出精馏产品的流量、组成以及进料流量、组成之间的关系。全塔物料衡算示意图如图 2-3 所示,以虚线范围作为物料衡算范围,并以单位时间为基准,分别对总物料和易挥发组分列物料衡算式,则

总物料 $\quad\quad\quad\quad F = D + W \quad\quad\quad\quad (2\text{-}1)$

易挥发组分 $\quad\quad Fx_F = Dx_D + Wx_W \quad\quad (2\text{-}2)$

式中 F ——原料液的摩尔流量,kmol/s;
$\quad\quad D$ ——塔顶产品(馏出液)的摩尔流量,kmol/s;
$\quad\quad W$ ——塔底产品(釜残液)的摩尔流量,kmol/s;
$\quad\quad x_F$ ——原料液中易挥发组分的摩尔分数;
$\quad\quad x_D$ ——馏出液中易挥发组分的摩尔分数;
$\quad\quad x_W$ ——釜残液中易挥发组分的摩尔分数。

在精馏计算中,分离要求可以用下列不同形式表示:

① 规定馏出液和釜残液中的组成 x_D 和 x_W。

② 规定馏出液组成 x_D 和馏出液中易挥发组分的回收率。馏出液中易挥发组分的回收率为

$$\eta = \frac{Dx_D}{Fx_F} \quad (2\text{-}3)$$

式中,η 为馏出液中易挥发组分的回收率。

③ 规定馏出液组成 x_D 和塔顶采出率 D/F 等。

$$\frac{D}{F} = \frac{x_F - x_W}{x_D - x_W} \quad (2\text{-}4)$$

在精馏操作中,通常原料液流量 F 和组成 x_F 由生产任务给定,当确定了分离要求后,精

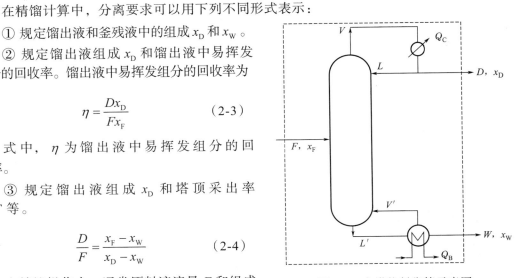

图 2-3 全塔物料衡算示意图

馏操作必须满足全塔物料衡算方程，例如，规定了 x_D 和 x_W，则馏出液流量 D 和釜残液流量 W 也就被唯一确定了，不可随意改变，否则进、出塔的两个组分的量不平衡，必然导致塔内组成变化，操作波动，使操作不能达到预期的分离要求。

在精馏塔的操作中，需维持塔顶和塔底产品的稳定，保持精馏装置的物料平衡是精馏塔稳态操作的必要条件。通常由塔底液位来控制精馏塔的物料平衡。

进料状况对精馏操作的影响

二、进料对精馏操作的影响

1. 五种进料热状况

在精馏生产中待分离的混合物入塔时可能有不同的情况，例如：混合物是液相或气液混合物，也可能是气相，温度也可能不同。表 2-1 反映了混合物进塔时的五种进料热状况。

表 2-1　五种进料热状况

序号	1	2	3	4	5
进料热状况	冷液	饱和液体	气液混合物	饱和蒸气	过热蒸气
温度	低于沸点	沸点	沸点 $<T<$ 露点	露点	高于露点
热状态参数	$q>1$	$q=1$	$0<q<1$	$q=0$	$q<0$

当原料液的温度低于沸点时称为冷液进料；原料液的温度等于沸点时称为饱和液体进料；在沸点和露点之间的原料是由气相和液相组成的，称为气液混合物进料；饱和蒸气进料的温度是露点；原料的温度高于露点时称为过热蒸气进料。

从表 2-1 中可以看出，对于这五种不同的进料热状况，都对应于一个 q 值，q 称为原料的热状态参数。q 值的大小可以表明原料液中所含饱和液体的比例，例如原料为饱和液体时，$q=1$。

2. 进料方程

进料方程又称为 q 线方程，表示了进料板上气液两相之间的关系。

q 线方程：
$$y=\frac{q}{q-1}x-\frac{x_F}{q-1} \tag{2-5}$$

式中　　y、x ——进料板上气、液相的摩尔分数；

　　　　x_F ——原料的摩尔分数；

　　　　q ——进料热状态参数。

三、操作线方程

对于板式精馏塔，基于理论板的概念，离开任意理论板（n 层）的气液两相组成 y_n 与 x_n 之间的关系可由相平衡关系确定。为了进一步确定整个塔内气液两相组成的分布情况，还应知道任意板（n 层）下降的液相组成 x_n 与下一层板（$n+1$ 层）上升的气相组成 y_{n+1} 之间的关系。y_{n+1} 与 x_n 的关系称为操作关系，其数学描述称为操作线方程。

操作线方程可由塔板间的物料衡算求得。在连续精馏塔中，由于进料的影响，将使精馏段和提馏段的操作关系有所不同，应分别进行讨论。

1. 精馏段操作线方程

精馏段操作线方程的推导如图 2-4 所示。以精馏段第（$n+1$）层塔板以上塔段和冷凝器为衡算范围（图 2-4 虚线范围），以单位时间为基准做物料衡算，即

总物料 $\qquad V = L + D \qquad$ (2-6)

易挥发组分 $\qquad Vy_{n+1} = Lx_n + Dx_D \qquad$ (2-7)

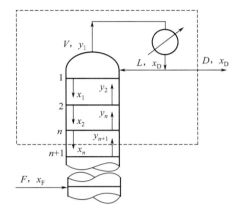

式中 x_n——精馏段中任意第 n 层板下降液体的组成的摩尔分数；

y_{n+1}——精馏段中任意第（$n+1$）层板上升蒸汽的组成的摩尔分数。

将式（2-6）代入式（2-7），并整理得

$$y_{n+1} = \frac{L}{L+D} x_n + \frac{D}{L+D} x_D \qquad (2-8)$$

令 $\dfrac{L}{D} = R$，称为回流比，代入式（2-8）得

图 2-4　精馏段操作线方程的推导

$$y_{n+1} = \frac{R}{R+1} x_n + \frac{1}{R+1} x_D \qquad (2-9)$$

式（2-9）称为精馏段操作线方程。该方程表明了一定操作条件下从精馏段内任意第 n 层板溢流到下一层第（$n+1$）板的液相组成 x_n 与下一层第（$n+1$）板上升到第 n 层板的气相组成 y_{n+1} 之间的关系。

在连续稳定操作中，精馏段操作线方程在 x-y 直角坐标中为一直线，直线的斜率为 $R/(R+1)$，截距为 $x_D/(R+1)$。采用两点法作图，当 $x_n = x_D$ 时，$y_{n+1} = x_D$，即点（x_D, y_D）位于对角线上；又当 $x_n = 0$ 时，$y_{n+1} = x_D/(R+1)$，即该点（$0, x_D/(R+1)$）位于 y 轴上。

2. 提馏段操作线方程

提馏段操作线方程的推导如图 2-5 所示。以提馏段任意相邻两板 m 和 ($m+1$) 间至塔底釜残液出口（按图 2-5 虚线范围）作为物料衡算范围，以单位时间为基准做物料衡算，即

总物料 $\qquad L' = V' + W \qquad$ (2-10)

易挥发组分 $\qquad L'x'_m = V'y'_{m+1} + Wx_W \qquad$ (2-11)

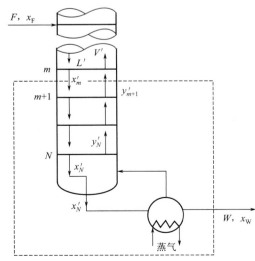

图 2-5　提馏段操作线方程的推导

式中 x'_m——提馏段中任意第 m 板下降液体

的组成的摩尔分数；

y'_{m+1}——提馏段中任意第 $(m+1)$ 板上升蒸气的组成的摩尔分数。

联立可得 $$y'_{m+1} = \frac{L'}{V'}x'_m - \frac{W}{V'}x_W = \frac{L'}{L'-W}x'_m - \frac{W}{L'-W}x_W \tag{2-12}$$

式（2-12）称为提馏段操作线方程。该式表明了一定的操作条件下，提馏段内任意第 m 板下降的液相组成 x'_m 与相邻的下一层（即 $m+1$）板上升的蒸气组成 y'_{n+1} 之间的关系。

根据恒摩尔流的假定，L' 为定值，且在连续定态操作中，W 和 x_W 也是定值，故式（2-12）在 $x-y$ 图上也是一直线。该线的斜率为 $L'/(L'-W)$，截距为 $-Wx_W/(L'-W)$。该直线仍采用两点法作图，当 $x'_m = x_W$ 时，$y'_{m+1} = x_W$，即点 (x_W, x_W) 位于对角线上；当 $x'_m = 0$ 时，$y'_{m+1} = -Wx_W/(L'-W)$，该点 $(0, -Wx_W/(L'-W))$ 位于 y 轴上。

应予指出，提馏段内的溢流液体 L' 除了与 L 有关以外，还受操作中进料量及其进料热状况的影响。精馏段和提馏段操作线的斜率分别为 L/V 和 L'/V'，即为各段的液气比。当物系和操作压力确定，即相平衡关系确定后，增大精馏段的液气比和减小提馏段的液气比，操作线向对角线靠拢，偏离平衡线，对分离是有利的。

四、理论塔板数

当气液两相在塔板上充分接触时，有足够长的时间进行传热传质，气体离开塔板时与下降的液体达到相平衡，这样的塔板称为理论塔板。由于塔板上气液两相接触的时间及面积均有限，因而任何形式的塔板上气液两相都难以达到平衡状态，它仅仅是一种理想的板，是用来衡量实际分离效率的依据。

1. 逐板计算法计算理论塔板数

图 2-6 为逐板计算法示意图。

（1）计算公式 精馏段操作线方程表示了精馏段内板之间气液相摩尔分数之间的关系：

$$y_{n+1} = \frac{R}{R+1}x_n + \frac{x_D}{R+1} \tag{2-13}$$

提馏段操作线方程表示了提馏段内板之间气液相摩尔分数之间的关系：

$$y_{m+1} = \frac{L'}{L'-W}x_m - \frac{W}{L'-W}x_W \tag{2-14}$$

相平衡方程表示了精馏塔内离开塔板的气液相摩尔分数之间的关系：

$$y = \frac{\alpha x}{1+(\alpha-1)x} \tag{2-15}$$

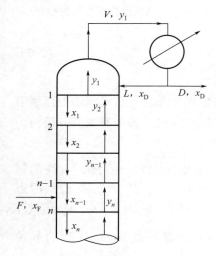

图 2-6 逐板计算法示意图

（2）计算步骤

① 精馏段计算：从第 1 板开始，逐板计算。

已知条件：相对挥发度 α，回流比 R，塔顶产品浓度 x_D。提馏段下降液体量 L'，塔

底产品量 W 。

第 1 板：上升蒸气浓度与塔顶产品的浓度相同，$y_1=x_D$，计算 x_1。因为在理论板上气液两相达到相平衡，所以用相平衡方程：$y_1 = \dfrac{\alpha x_1}{1+(\alpha-1)x_1}$，得到 x_1。

第 2 板：已知 x_1，计算 y_2 和 x_2。

板与板之间的浓度可以用操作线方程进行计算，对于精馏段应采用精馏段操作线方程。

精馏段操作线方程：$y_2 = \dfrac{R}{R+1}x_1 + \dfrac{x_D}{R+1}$，得到 y_2。

相平衡方程：$y_2 = \dfrac{\alpha x_2}{1+(\alpha-1)x_2}$，得到 x_2。

第 3 板：已知 x_2，计算 y_3 和 x_3。

精馏段操作线方程：$y_3 = \dfrac{R}{R+1}x_2 + \dfrac{x_D}{R+1}$，得到 y_3。

相平衡方程：$y_3 = \dfrac{\alpha x_3}{1+(\alpha-1)x_3}$，得到 x_3。

依次计算至液相浓度 x_n 与进料浓度接近时，该板为进料板。开始进入提馏段的计算。

② 提馏段计算：从进料板开始，逐板计算。

已知条件：相对挥发度 α，提馏段下降液体量 L'，塔底产品量 W，第 n 板的液相浓度 x_n。

第（$n+1$）板：已知精馏段第 n 板液相浓度 x_n，计算 y_{n+1} 和 x_{n+1}。

对于提馏段，板与板之间的浓度应采用提馏段操作线方程进行计算。

提馏段操作线方程：$y_{n+1} = \dfrac{L'}{L'-W}x_n - \dfrac{W}{L'-W}x_W$，得到 y_{n+1}。

相平衡方程：$y_{n+1} = \dfrac{\alpha x_{n+1}}{1+(\alpha-1)x_{n+1}}$，得到 x_{n+1}。

第（$n+2$）板：已知 x_{n+1}，计算 y_{n+2} 和 x_{n+2}。

提馏段操作线方程：$y_{n+2} = \dfrac{L'}{L'-W}x_{n+1} - \dfrac{W}{L'-W}x_W$，得到 y_{n+2}。

相平衡方程：$y_{n+2} = \dfrac{\alpha x_{n+2}}{1+(\alpha-1)x_{n+2}}$，得到 x_{n+2}。

依次计算至液相浓度 x_{n+m} 与塔底产品的浓度接近时，计算结束。

理论板数为（$n+m$）块。在生产中再沸器的作用相当于一块理论塔板，所以将再沸器算作一块塔板，则塔板数为（$n+m-1$）。

2. 图解法

图解法求理论塔板数的计算依据与逐板计算法完全相同，只不过是用相平衡曲线和操作线分别代替气液相平衡方程和操作线方程，用简便的图解法代替繁杂的计算，求得完成要求分离任务所需之理论塔板数。图解法简单直观，但计算精确度较差，尤其是对相对挥发度较小而所需理论塔板数较多的场合更是如此。

如图 2-7 所示，图解法步骤如下：

① 画出气液相平衡曲线和对角线。

② 作精馏段操作线 ab、q 线 ef、提馏段操作线 cd。

③ 由图 2-7 中 a 点（x_D，x_D）开始，在平衡线和精馏段操作线之间作直角梯级，即首先从点 a 作水平线与平衡线交于点 1，点 1 表示离开第 1 层理论板的液、气组成（x_1，y_1），故由点 1 可定出 x_1。由点 1 作垂直线与精馏段操作线相交，交点 1′ 表示（x_1，y_2），即由交点 1′ 可定出 y_2。再由此点作水平线与平衡线交于点 2，可定出 x_2。这样，在平衡线和精馏段操作线之间作由水平线和垂直线构成的梯级，当梯级跨过两操作线交点 d 时，则改在平衡线和提馏段操作线之间绘梯级，直到梯级的垂线达到或越过点 c（x_W，x_W）为止。图 2-7 中平衡线上每一个梯级的顶点表示一层理论板。其中过 d 点的梯级为进料板，最后一个梯级为再沸器。

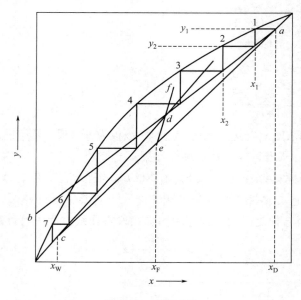

图 2-7 图解过程

如图 2-7 所示，第 4 级跨过两操作线交点 d，即第 4 块板为进料板，故精馏段理论板数为 3。因再沸器相当于一层理论板，故提馏段理论板数为 3。该分离过程需 6 层理论板（不包括再沸器）。

3. 简捷法求理论板数

在精馏塔的初步设计计算中，为进行技术经济分析，确定适宜回流比，可采用图 2-8 所示的吉利兰关联图计算理论板数。

吉利兰关联图为双对数坐标图，横坐标表示 $(R-R_{min})/(R+1)$，纵坐标表示 $[(n-n_{min})/(n+2)]$。它对 R_{min}、R、n_{min} 及 n 四个变量进行了关联。对于一定分离任务，可大致估算理论板数；也可粗略地定量分析 n 与 R 的关系。图中曲线的两端代表两种极限情况。曲线右端延长线表示全回流时的操作情况，即 $R=\infty$，$(R-R_{min})/(R+1)=1$，故 $[(n-n_{min})/(n+2)]=0$ 或 $n=n_{min}$，说明全回流时理论板层数最少。曲线左端延长后表示在最小回流比的操作情况，此时 $(R-R_{min})/(R+1)=0$，故 $[(n-n_{min})/(n+2)]=1$ 或 $n=\infty$，说明最小回流比操作时理论板层数为无限多。

简捷法求理论板数的步骤如下：

① 根据已知条件求解最小回流比 R_{min}，并选择适宜的回流比 R。
② 应用芬斯克方程或图解法计算最小理论板数 n_{min}。

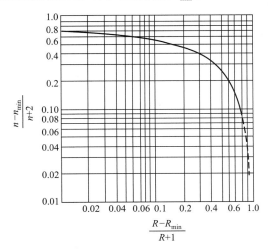

图 2-8　吉利兰关联图

③ 计算横坐标 $(R-R_{min})/(R+1)$ 的值，查吉利兰关联图得到纵坐标 $[(n-n_{min})/(n+2)]$ 的数值，可相应计算出理论板数 n（不包括再沸器）。

④ 确定进料板位置。

任务实施

工作任务单　学习精馏塔的物料衡算

姓名：	专业：	班级：	学号：	成绩：
步骤	内容			
任务描述	请以新入职员工的身份进入本任务的学习，在任务中学习精馏塔的物料衡算。			
应知应会要点	（需学生提炼）			
任务实施	1. 在精馏操作中，要求将乙醇水溶液进行分离，已知乙醇水溶液的流量是 20kmol/h，其中乙醇的摩尔分数为 40%，要求经过分离后得到的塔顶产品中乙醇的摩尔分数为 89%，塔底产品中乙醇的摩尔分数不大于 3%，请计算在上述分离质量的要求下，得到的塔顶产品量 D 和塔底产品量 W 分别是多少。 计算向导： （1）写出计算公式 塔顶产品量计算式：$D=$_____；塔底产品量计算式：$W=$_____。 （2）确定已知条件 原料液（乙醇水溶液）流量 $F=$____kmol/h 原料液中乙醇的摩尔分数 $x_F=$ ____ 塔顶产品中乙醇的摩尔分数 $x_D=$ ____ 塔底产品中乙醇的摩尔分数 $x_W=$ ____ （3）计算塔顶产品量 D $D=\dfrac{F(x_F-x_W)}{(\ -\ )}=\dfrac{20\times(\ -\ )}{(0.89-\ )}=$ ____ kmol/h			

步骤	内容
	（4）计算塔底产品量 W $$W = \frac{F(x_D - x_F)}{(\ - x_W)} = \frac{20 \times (\ - 0.4)}{(0.89 - \ )} = \underline{\quad} \text{ kmol/h}$$ （答案：塔顶产品量 D=8.6kmol/h，塔底产品量 W=11.4kmol/h，你算对了吗？）
任务实施	2. 已知全回流下的最少理论塔板数 n_{min} 为 8.61，最小回流比 R_{min} 为 1.78，查吉利兰关联图得出所需的理论塔板数 n。 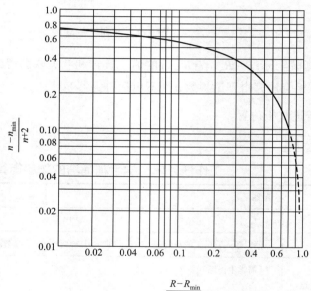 3. 查阅相关文献，以某一工艺为例，说明其进料状态及进料组成，写一篇 200 字科技小论文。

任务总结与评价

根据学习内容，描述在本任务学习中的困难点。

任务三
学习精馏塔的温度分布和灵敏板温度

任务描述

请以新入职员工的身份进入本任务的学习,在任务中学习精馏塔的温度分布和灵敏板温度。

应知应会

一、精馏塔的温度分布

溶液的泡点与总压及各板物料组成有关。精馏塔内各块塔板上物料的组成及总压并不相同,因而从塔顶至塔底形成某种温度分布,如图2-9所示。在常压或加压精馏中,各板总压差别不大,形成全塔温度分布的主要原因是各板组成不同。精馏塔塔顶温度低,塔底温度高。

在减压精馏中,蒸汽每经过一块塔板就有一定的压降,若塔板数较多,塔顶与塔底压力差别与塔顶绝对压力相比,其数值相当可观,总压降可能是塔顶压力的几倍。因此,各板组成与总压的差别都是影响全塔温度分布的重要原因,且后者的影响往往更加显著。

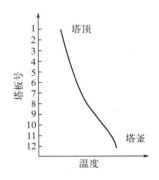

图 2-9 精馏塔的温度分布

二、灵敏板温度影响

当正常的精馏塔受到某外界因素的干扰(如回流比、进料组成发生波动等)时,全塔各板的组成将发生变动,全塔温度分布也将发生相应变化。因此,有可能用测量温度的方法来预示塔内组成,尤其是塔顶馏出液组成的变化。

在一定总压下,塔顶温度是馏出液组成的直接反映。但当分离的产品较纯时,在邻近塔顶或塔底的各板之间,温度差已经很小,这时,塔顶或塔底温度变化 0.5℃,可能已超出产品组成的允许范围。以乙苯-苯乙烯在 8kPa 下的减压精馏为例,当塔顶馏出液中含乙苯由 99.9% 降至 90% 时,泡点变化仅为 0.7℃。可见高纯度分离时一般不能用测量塔顶温度的方法来控制馏出液的质量。

当操作条件发生变化时,某些塔板上的温度将发生显著变化,这种塔板称为灵敏板。通过检测灵敏板的温度变化可以较早发现精馏操作所受到的干扰,而且灵敏板比较靠近进料位置,可在塔顶馏出液组成尚未产生变化之前先感受到进料参数的变动并及时采取调节手段,以稳定馏出液的组成。

三、塔顶和塔釜温度的影响

塔顶温度是表征塔顶产品质量高低与质量稳定性的重要参数。由气液平衡关系可知,在一定塔压下,塔顶温度与塔顶蒸气组成呈对应关系,所以,只有塔顶温度恒定时,才

分离过程操作与设备

能反映产品质量的稳定。塔顶温度会受到进料、塔压和塔釜温度等因素的影响。

釜温是由釜压和物料组成决定的。精馏过程中，只有保持规定的釜温，才能确保产品质量。因此釜温是精馏操作中重要的控制指标之一。提高塔釜温度时，则使塔内液相中易挥发组分减少，同时使上升蒸气的速度增大，有利于提高传质效率。如果由塔顶得到产品，则塔釜排出难挥发物中，易挥发组分减少，损失减少；如果塔釜排出物为产品，则可提高产品质量，但塔顶排出的易挥发组分中夹带的难挥发组分增多，从而增大损失。因此，在提高温度的时候，既要考虑到产品的质量，又要考虑到工艺损失。一般情况下，操作时习惯于用温度来提高产品质量，降低工艺损失。当釜温变化时，通常是改变蒸发釜的加热蒸汽量，将釜温调节至正常。当釜温低于规定值时，应加大蒸汽用量，以提高釜液的汽化量，使釜液中重组分的含量相对增加，泡点提高，釜温提高。当釜温高于规定值时，应减少蒸汽用量，以减少釜液的汽化量，使釜液中轻组分的含量相对增加，泡点降低，釜温降低。此外还有与液位串级调节的方法等。

任务实施

工作任务单　学习精馏塔的温度分布和灵敏板温度

姓名：	专业：		班级：	学号：	成绩：
步骤	内容				
任务描述	请以新入职员工的身份进入本任务的学习，在任务中学习精馏塔的温度分布和灵敏板温度。				
应知应会要点	（需学生提炼）				
任务实施	1. 什么是灵敏板？灵敏板温度的测定有什么意义？ 2.查阅有关精馏的工艺，画出灵敏板温度控制示意图。				

任务总结与评价

根据学习内容，描述在本任务学习中的困难点。

模块一　精馏技术
项目二　精馏

项目评价

项目综合评价表

姓名		学号		班级	
组别		组长及成员			

项目成绩：　　　　　　　　　　　　总成绩：

任务	任务一	任务二	任务三
成绩			

自我评价

维度	自我评价内容	评分（1～10分）
知识	掌握精馏的原理	
	理解恒摩尔流假定在精馏操作中的意义	
	了解精馏塔物料衡算的方法	
能力	理解精馏原理的基础上，明晰精馏过程中塔板上组分的变化过程，能够准确表述精馏的原理	
	在理解恒摩尔流假定的基础上，对全塔进行物料衡算	
素质	在计算过程中培养学生细心的品质	
	理解产品收率在实际工程中的意义，培养学生的工程意识	
我的反思	我的收获		
	我遇到的问题		
	我最感兴趣的部分		
	其他		

1-2-15

项目拓展

全回流操作与回流比

一、全回流操作

全回流操作的条件是：①将塔顶上升的蒸气全部冷凝后又全部回流至塔内，即产品量 $D=0$；②不向塔内进料，即原料液流量 $F=0$；③不取出塔底产品，即残液量 $W=0$。在这三种条件下进行的操作就称为全回流操作。

从上述条件中可以看出，在全回流下精馏塔没有生产能力，得不到任何产品，因此对正常生产无实际意义。那么全回流操作对生产来说有什么意义呢？全回流操作主要在以下两种情况下使用：

① 精馏塔的开工阶段，开工时采用全回流，既可减少精馏塔的稳定时间，又可降低不合格产品的产出量。

② 精馏塔的实验研究，如塔板效率的测定、塔填料性能的测定等。

二、最小回流比 $R_{\min}$

从前面的讨论中我们知道，回流比是精馏生产中重要的控制指标，对生产过程的稳定和产品的质量起着非常重要的作用，因此精馏操作中没有回流是无法正常进行的。那么回流量有没有最小限制呢？生产实践告诉我们，任何一个精馏操作都有一个最小回流比，这就是回流量的最小限制。

最小回流比可以通过计算得到：

$$R_{\min} = \frac{x_D - y_q}{y_q - x_q}$$

式中 $R_{\min}$ ——最小回流比；
     x_D ——塔顶产品摩尔分数；
     y_q、x_q —— q 线方程与相平衡线交点的坐标。

思考：精馏过程在最小回流比条件下进行时，对生产会产生什么影响呢？请通过查阅资料进行深入学习，了解相关的知识。

三、最适宜回流比

通常情况下适宜回流比都是取最小回流比的倍数。究竟取多大最合适，主要根据经济核算来决定。精馏塔的经济指标主要有两项：一是设备费；二是操作费。二者费用之和称总费用。如图 2-10 所示，曲线 1 表示设备费用的变化，随着回流比的增大，设备费用急剧下降，但当回流比增大到一定值后，设备费又会逐渐上升。曲线 2 表示操作费用的变化，操作费用随回流比的增大而增大。曲线 3 表示总费用的变化，总费用也是呈现出先降后升的变化规律，曲线最低点就表示总费用最低，对应的回流比就称为适宜回流比。通常取 $R_{\text{适宜}} = 1.3 \sim 2.0 R_{\min}$。

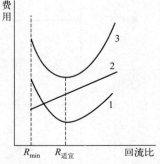

图 2-10   适宜回流比

项目三　传质设备——板式塔

学习目标

知识目标
1. 了解板式塔的结构及塔的类型。
2. 了解各类型板式塔的特点。
3. 了解板式塔内塔板上气液两相的接触状态。
4. 了解板式塔的异常操作现象。
5. 掌握板式塔的点效率与单板效率的计算。
6. 掌握板式塔的操作线绘制。

能力目标
1. 通过板式塔结构及类型的学习，能够在化工生产中正确区分塔板。
2. 通过板式塔异常操作现象的学习，避免生产中板式塔的事故发生。
3. 通过板式塔点效率和单板效率的学习，计算运行中精馏塔的效率。
4. 通过板式塔流体力学性能的学习，能够绘制板式塔的操作线。

素质目标
1. 通过板式塔结构及类型的学习，培养学生的专业思想。
2. 通过点效率与单板效率的学习与计算，增强科学精神。
3. 通过板式塔异常现象的学习，增强化工安全意识。
4. 通过板式塔操作线的绘制，培养细致、耐心的工作素养。

项目导言

　　塔设备是石油化工行业最常用的设备，在塔设备内可进行气液或液液两相间的充分接触，进行相间传质，因此在生产过程中常用塔设备进行精馏、吸收、解吸、气体的增湿及冷却等单元操作过程。塔设备根据结构形式，可分为板式塔和填料塔。工业上常将填料塔用于吸收解析过程中，板式塔则常用于精馏过程中。本项目中我们将结合所学的精馏知识对板式塔进行主要讲解。

　　工业上最早出现的板式塔是筛板塔和泡罩塔。筛板塔出现于1830年，很长一段时间内被认为难以操作而未得到重视。泡罩塔结构复杂，但容易操作，自1854年应用于工业生产以后，很快得到推广，直到20世纪50年代初，它始终处于主导地位。第二次世界大战后，炼油和化学工业发展迅速，泡罩塔结构复杂、造价高的缺点日益突出，而结构简单的筛板塔重新受到重视。通过大量的实验研究和工业实践，逐步掌握了筛板塔的操作规律和正确设计方法，还开发了大孔径筛板，解决了筛孔容易堵塞的问题。因此，从

1-3-1

分离过程操作与设备

20世纪50年代起，筛板塔迅速发展成为工业上广泛应用的塔型。与此同时，还出现了浮阀塔，它操作容易，结构也比较简单，同样得到了广泛应用。而泡罩塔的应用则日益减少，除特殊场合外，已不再新建。20世纪60年代以后，石油化工的生产规模不断扩大，大型塔的直径已超过10m。为满足设备大型化及有关分离操作所提出的各种要求，新型塔板不断出现，已有数十种。

任务一
认识板式塔的结构和分类

任务描述
请以新入职员工的身份进入本任务的学习，在任务中学习板式塔的结构及分类，可在工厂中区分板式塔的类型。

应知应会
板式塔是一类用于气液或液液系统的分级接触传质设备，由圆筒形塔体和按一定间距水平装置在塔内的若干塔板组成。广泛应用于精馏和吸收，有些类型（如筛板塔）也用于萃取，还可作为反应器用于气液相反应。操作时（以气液系统为例），液体在重力作用下，自上而下依次流过各层塔板，至塔底排出；气体在压力差推动下，自下而上依次穿过各层塔板，至塔顶排出。每块塔板上保持着一定深度的液层，气体通过塔板分散到液层中去，进行相际接触传质。

一、板式塔的结构

板式塔外部由塔壳体组成，内部由气体通道、塔板、受液盘、降液管、溢流堰组成。

（1）塔壳体 塔体即塔设备的外壳，常见的塔体由等直径、等厚度的圆筒及上下封头组成。塔设备通常安装在室外，因而塔体除了承受一定的操作压力（内压或外压）、温度外，还要考虑风载荷、地震载荷、偏心载荷的影响。此外还要满足在试压、运输及吊装时的强度、刚度及稳定性要求。

（2）溢流堰 维持塔板上一定高度的液层，以保证在塔板上气液两相有足够的接触面积。

（3）降液管 降液管是塔板间液体流动的通道，也是使溢流液中所夹带气体得以分离的场所。

（4）受液盘 用于接受上层塔板下降的液体，通过进口堰形成液封，并使液体在塔板上分布均匀。

（5）塔板上的气体通道 筛孔为保证气液两相在塔板上能够充分接触并在总体上实现两相逆流，塔板上均匀地开有一定数量的供气体自下而上流动的通道。

（6）塔板 使两种流体密切接触，进行传质交换，达到分离液体混合物或气体混合物组分的目的。

1-3-2

板式塔为一种逐级（板）接触的气液传质设备。以塔内的塔板作为基本构件，工业上常根据塔板的结构类型对板式塔进行分类。

二、板式塔的分类

1. 根据板式塔的塔板上是否具有降液管分

（1）有降液管式塔板（也称溢流式塔板或错流式塔板）　如图 3-1 所示。气液两相呈错流方式接触，其塔板效率高，具有较大的操作弹性，使用广泛。

（2）无降液管式塔板（也称穿流式塔板或逆流式塔板）　如图 3-2 所示。气液两相呈逆流接触，其板面利用率高，生产能力大，结构简单，但效率较低，操作弹性小，应用较少。

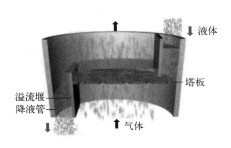
图 3-1　有降液管式塔板

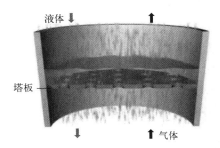
图 3-2　无降液管式塔板

无降液管式塔板结构简单，本任务只讨论有降液管式塔板。

2. 有降液管式塔板按塔板结构划分

（1）泡罩塔　泡罩塔是最早应用于工业生产的典型板式塔。泡罩塔由塔板（图 3-3）、泡罩、升气管、降液管、液流溢等组成。生产中使用的泡罩形式有多种，最常用的是圆形泡罩。每层塔板上开有若干个孔，升气管上覆以泡罩，上升气体通过泡罩进入液层时，被分散成许多细小的气泡，为气液两相提供了大量的传质界面。

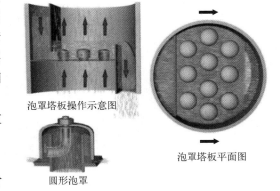
图 3-3　泡罩塔塔板

优点：①操作弹性大，在气、液负荷波动较大时仍能保持较恒定的塔板效率。

②对物料适应性强，塔板不易堵塞。

缺点：①结构复杂，金属耗量大，造价高，安装和维修不方便。

②气体压力降大，雾沫夹带较严重，因此限制了气速的提高，生产能力不大。

③不好操作，液体或蒸气流量很小时，会造成气液接触不良或蒸汽流动的脉动；反之会形成雾沫夹带、液泛等。

（2）浮阀塔　浮阀塔是 20 世纪 50 年代发展起来的，塔板上开有若干大孔，每个孔上装有一个可以上下浮动的阀片，阀片本身有三条"腿"，插入阀孔后将各腿底脚板转 90°，用以限制操作时阀片在板上升

浮阀塔

起的最大高度。阀片周边又冲出三块略向下弯的定距片,当气速很低时,靠这个定距片使阀片与塔板呈点接触而坐落在阀孔上。

优点:①结构紧凑,生产能力大,比泡罩塔高20%～40%。

②蒸汽以水平方向吹入液层,阻力小,气液接触时间长且接触状况良好,故雾沫夹带少,塔板效率高。

③浮阀可根据气量大小上下浮动,操作弹性大。

④浮阀结构简单,安装容易,造价较低。

缺点:①气速较低时,塔板会出现漏液现象。

②阀片有卡死或吹落的可能。

③塔板压力降较大。

(3) 筛板塔　塔板上开有许多均匀分布的筛孔,孔径一般为3～8mm。操作时,上升气流通过筛孔分散成细小的流股,在板上液层中鼓泡而出,气液间密切接触而进行传质。在通常的操作气速下,通过筛孔上升的气流,应能阻止液体经筛孔向下漏。

优点:①结构简单,制造容易,造价低。

②塔板效率较高,生产能力大。

③大孔径筛板对物料的适应性强,不易堵塞。

缺点:①操作弹性小,需保持较稳定的气、液流速,否则会造成漏液或气液接触不良。

②小孔径筛板易堵塞,不适宜处理脏的、黏度大的和带固体颗粒的料液。

(4) 舌形塔　舌形塔板(图3-4)是喷射型塔板的一种。塔板上冲出许多舌形孔,舌片与板呈一定角度,向塔板的溢流出口侧张开,舌孔按正三角形排列。塔板的溢流出口处不设溢流堰,只保留降液管,上升气流穿过舌孔后,以较高的速度(20～30m/s)沿舌片的张角向斜上方喷出。液体流过每排舌孔时,即为喷出的气流强烈扰动而形成泡沫体,喷射的液流冲至降液管上方的塔壁后流入降液管中。

图3-4　舌形塔板

优点:舌形塔板物料处理量大,压降小,结构简单,安装方便。

缺点:操作弹性小,塔板效率低。被气体喷射的液流在通过降液管时,会夹带气泡到下层塔板,气相夹带现象严重。

任务实施

工作任务单　认识板式塔的结构和分类

姓名：	专业：	班级：	学号：	成绩：
步骤	内容			
任务描述	请以新入职员工的身份进入本任务的学习，在任务中学习板式塔的结构及分类，可在工厂中区分板式塔的类型。			
应知应会要点	（需学生提炼）			
任务实施	通过板式塔结构及种类的学习，完成板式塔结构认知（在图中标注出塔板、溢流堰、降液板、受液盘）。 			

任务总结与评价

通过板式塔结构及种类的学习，请描述你认为的板式塔结构。

任务二
认识板式塔的流体力学性能

任务描述

请以新入职员工的身份进入本任务的学习,在任务中学习板式塔的流体力学性能,绘制板式塔的操作线。

应知应会

板式塔在操作不当时参数失调,轻则会引起板效率大大降低,重则会出现一些异常现象使塔无法工作。

一、塔板上的异常操作现象

板式塔常见的异常操作现象如下:

(1)液泛 气量和液量较大时,造成塔内液体不能顺利下流而在塔内积累,上下板液体相连,称为淹塔(液泛)。

产生液泛的原因:气量过大、液量过大、气速过大、板间距小、流体的起泡性能等。

(2)雾沫夹带 气体穿过塔板上的液体上升时,可能会出现夹带液体的现象,增加了气液接触面积,但严重时造成返混,不利于传质,规定雾沫夹带量小于 0.1kg 液体 /kg 气体。

现象:液滴随气体进入上层塔板。

后果:过量雾沫夹带,造成液相在板间的返混,塔板效率下降。

影响因素:

① 空塔气速:空塔气速减小,雾沫夹带量减小;

② 塔板间距:板间距增大,雾沫夹带量减小。

(3)漏液 气体量不足,液体通过孔往下流称漏液。规定漏液量小于 10% 的液体量,漏液量达到 10% 时的气速称为漏液速度,是操作气速的下限。

产生漏液的原因:气体量太小、板面上液面落差引起的气流分布不均匀。

二、塔板的负荷性能图

对一定的分离物系,塔板类型一定后,板式塔的操作状况和分离效果便只与气液负荷有关。要维持塔板正常操作和塔板效率的基本稳定,必须将塔内的气液负荷限制在一定的范围内,该范围即为塔板的负荷性能。

漏液

影响塔操作状况与分离效率的主要因素为:物性、塔板结构、气液负荷,将塔内气体和液体的负荷变化范围绘图,得出塔板负荷性能图。气体流量过小,会产生严重的漏液而使塔板效率急剧下降。气体流量过大,或因严重的雾沫夹带而使塔板效率明显降低。

液体流量的变化也有类似的结果,液量过小,板上液流严重不均而塔板效率急剧下降，液体流量过大。则塔板效率将因液面落差过大而下降，甚至出现液泛而无法操作。因此，在一定的气量下，同样存在着液体流量的下限和上限。

如图 3-5 所示：

（1）线 a 为液相负荷下限线：液相流量过低，板上液层不均匀，气体停留时间短，传质效率低。

（2）线 b 为漏液线：气相负荷下限线。

（3）线 c 为液相负荷上限线：液流量过高，液体在降液管内的停留时间较短，气泡来不及与液体分离，使气泡夹带。

（4）线 d 为降液管液泛线：为防止液泛，降液管内液层高度不超过某一数值。

（5）线 e 为雾沫夹带线：气相负荷上限线。

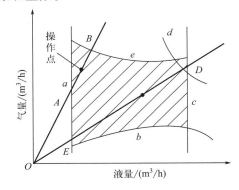

图 3-5　板式塔的负荷性能图

操作线：恒回流比下，每板气、液流量为 V_s、L_s，可见每层板的操作点沿过原点、斜率为 V_s/L_s 的线变化，该线称为操作线。

三、板式塔效率

（1）点效率　指塔板上各点的局部效率。

$$E_{OG}=(Y_n-Y_{n+1})/(Y^*-Y_{n+1}) \tag{3-1}$$

式中　E_{OG}——以气相表示的点效率；

Y_{n+1}——进入第 n 块塔板的气相组成，以摩尔分数表示；

Y_n——离开塔板上某点的气相组成，以摩尔分数表示；

Y^*——与被考察点液相组成 r 平衡的气相组成，以摩尔分数表示。

（2）单板效率　单板效率又称默弗里效率，它是以混合物经过实际板的组成变化与经过理论板的组成变化之比来表示的，单板效率既可用气相组成表示，也可用液相组成表示，分别称为气相单板效率和液相单板效率，可用 E_{mV} 或 E_{mL} 表示，其公式分别为：

$$E_{mV} = \frac{y_n - y_{n+1}}{y_n^* - y_{n+1}} \tag{3-2}$$

$$E_{mL} = \frac{x_{n-1} - x_n}{x_{n-1} - x_n^*} \tag{3-3}$$

式中，x_n、y_n 代表离开第 n 板的液相与气相的实际组成；y_n^* 和 x_n^* 代表与离开第 n 板的液（气）相组成 y_n（x_n）成平衡的气（液）相组成。

影响单板效率的因素有：

① 塔板上液体的混合情况；

② 塔板上液体的非均匀流动；

③ 板间气体的不完全混合和不均匀分布。

分离过程操作与设备

任务实施

工作任务单　认识板式塔的流体力学性能

姓名：	专业：	班级：	学号：	成绩：

步骤	内容
任务描述	请以新入职员工的身份进入本任务的学习，在任务中学习板式塔的流体力学性能，绘制板式塔的操作线。
应知应会要点	（需学生提炼）
任务实施	写出板式塔的异常操作现象及其产生原因。

任务总结与评价

根据学习内容，描述在本任务学习中的困难点。

项目评价

项目综合评价表

姓名		学号		班级	
组别		组长及成员			

项目成绩：　　　　　　　　　　总成绩：

任务	任务一	任务二
成绩		

自我评价

维度	自我评价内容	评分（1～10分）
知识	了解板式塔的结构及塔的类型	
	了解各类型板式塔的特点	
	了解不同类型板式塔的优缺点	
	了解板式塔内塔板上气液两相的接触状态	
	了解板式塔的异常操作现象	
	掌握板式塔的点效率与单板效率的计算	
	掌握板式塔的操作线绘制	
能力	通过板式塔结构及类型的学习，能够在化工生产中正确区分塔板	
	通过板式塔异常操作现象的学习，避免生产中板式塔的事故发生	
	通过板式塔点效率和单板效率的学习，计算运行中精馏塔的效率	
	通过板式塔流体力学性能的学习，能够绘制板式塔的操作线	
素质	通过板式塔结构及类型的学习，培养学生的专业思想	
	通过点效率与单板效率的学习与计算，增强科学精神	
	通过板式塔异常现象的学习，增强化工安全意识	
	通过板式塔操作线的绘制，培养细致、耐心的工作素养	
我的反思	我的收获	
	我遇到的问题	
	我最感兴趣的部分	
	其他	

项目拓展

其他类型的板式塔

据统计，塔设备的投资费用占化工和石化过程总投资费用的25%，占总能耗的40%。此外，塔设备性能的好坏对产品质量和产量起着十分重要的作用，对降低能耗、降低生产成本和提高企业竞争实力有着重大的意义。各国研究者在塔板性能的研究和新型塔板的开发与应用方面做了大量的工作，其中一个重要的方面就是对塔板的流体力学性能和塔板上流体流动状况的研究，另外就是开发高效、节能、结构简单的新型塔设备。板式塔作为完成蒸馏操作过程的一个主要设备，得到了广泛深入的研究。

1．JCV 浮阀塔板（图3-6）

结构：阀笼与塔板固定，阀片在阀笼内上下浮动。将单一鼓泡传质，变为双流传质，一部分为鼓泡，另一部分为喷射湍动传质，使塔的分离效率和生产能力都大大提高。该塔板可作为化工生产过程中的气液传质、换热设备。

特点：结构简单、阀片开启灵活、高效、高通量、寿命长、不易堵塞。

2．JCPT 塔板（图3-7）

与普通塔板在传质机理上的区别：它是填料与塔板的复合体，靠填料实现传质，靠塔板实现多级并流。

塔板上的液体通过提液管与塔板之间的间隙被气体提升，气液并流通过提液管，在提液管内高速湍动混合、传质，然后气液并流进入填料中进一步强化传质，并完成气液分离。

气体靠压差继续上升，进入上一层塔板；液体基本以清液的形式回落到塔板上，沿流道进入降液管，下降到下一层塔板。

3．浮舌塔板（图3-8）

为使舌形塔板适应低负荷生产，提高操作弹性，研制出了可变气道截面（类似于浮阀塔板）的浮舌塔板。

图 3-6　JCV 浮阀塔板

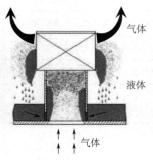
图 3-7　JCPT 塔板

图 3-8　浮舌塔板

项目四　精馏塔单元操作仿真训练

 学习目标

知识目标
1. 理解精馏塔单元的工艺流程。
2. 掌握精馏塔单元操作中关键参数的调控要点。
3. 掌握精馏塔操作中典型故障的现象和产生原因,以及精馏塔的维护与保养。
4. 掌握化工工艺参数读取的方法及原则。
5. 了解受限空间作业及受限空间作业存在的风险。

能力目标
1. 能根据开车操作规程,配合班组指令,进行精馏塔单元的开车操作。
2. 能根据停车操作规程,配合班组指令,进行精馏塔单元的停车操作。
3. 根据生产中关键参数的正常运行区间,能够及时判断参数的波动方向和波动程度。
4. 了解精馏塔的维护与保养后,根据生产中的异常现象,能够及时、正确地判断故障类型,并妥善处理故障。

素质目标
1. 能够通过理论联系实际,具备分析问题和解决问题的能力。
2. 遵守操作规程,具备严谨的工作态度。
3. 面对参数波动和生产故障时,具备沉着冷静的心理素质和敏锐的观察判断能力。
4. 在生产过程中能够具备良好的观察力和逻辑判断力。
5. 培养化工安全意识,具备严谨细致的职业素养。

 项目导言

在化业、石油化工等工业中,塔设备的性能对于整个装置的产品产量、产品质量、生产能力以及三废处理和环境保护等各个方面,都有重大的影响。据有关资料报道,塔设备的投资费用占整个工艺设备投资费用的比例较大,所耗用的钢材重量在各类工艺设备中也属较多。因此,塔设备的设计和研究,受到化工、石化等行业的极大重视。

精馏塔的发展与流体动力学的发展与应用密切相关。20世纪80年代,中国在流体力学方面取得了突破,确定了精馏塔中液体介质的活动规律和流动特性,并将其应用于塔的研制和结构优化。

1-4-1

分离过程操作与设备

本项目中学生将以操作人员身份进入"车间"，学习有关精馏塔的生产操作。主要任务包含：

① 精馏塔单元流程框图 /PFD 绘制（初级工框图 / 中级工 PFD）；

② 劳保用品穿戴；

③ 精馏塔单元的安全风险辨识；

④ 精馏塔的维护与保养；

⑤ 精馏塔的开车操作；

⑥ 精馏塔的停车操作；

⑦ 精馏塔的事故处理。

任务一
绘制精馏塔单元流程框图 /PFD

任务描述

请以操作人员（外操岗位）的身份进入本任务的学习，在任务中按照操作规程，完成精馏塔单元流程框图 /PFD 绘制。

应知应会

PID 图作为化工生产的技术核心，无论是设计院的工程师、化工厂的工艺员，还是中控控制室的主操，都要了解 PID 图上每一个字母、符号所表示的意义，并清楚这些元件的作用和控制方法，这是作为化工人必不可少的技能。本任务我们来学习一下在精馏过程中，常用的 PFD 符号，见表 4-1。

表 4-1　PFD 图形符号

名称	图形符号	说明
基本形式精馏塔		包含对流塔板、环流塔板、S 形塔板、旋流塔板等的精馏塔
换热器		
泵		

1-4-2

一、精馏塔的控制方案

（1）精馏塔提馏段温控方案　以塔底采出为主要产品时，常采用此方案，如图4-1所示。

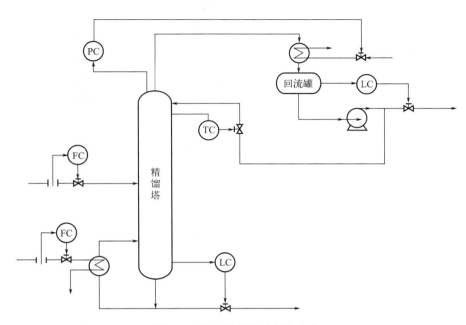

图4-1　精馏塔提馏段温控方案

（2）精馏塔精馏段温控方案　当塔顶产品纯度要求比塔底严格时，一般采用此方案，如图4-2所示。

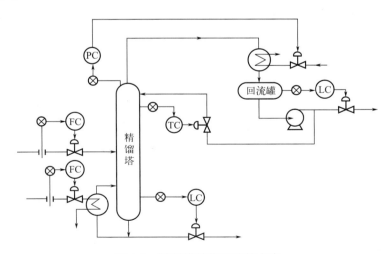

图4-2　精馏塔精馏段温控方案

二、精馏塔流程图绘制注意事项

① 流程图的流程走向，应排布合理，线路交叉尽量少；

② 设备齐全，主要设备和次要设备不丢失；
③ 仪表的图形符号及位号正确；
④ 控制点位置正确；
⑤ 主要设备即精馏塔、塔顶换热器、塔底换热器，设备图形符号、位号、进出物料走向、位置绘制正确。

任务实施

工作任务单　绘制精馏塔单元流程框图/PFD

姓名：	专业：	班级：	学号：	成绩：
步骤	内容			
任务描述	请以操作人员（外操岗位）的身份进入本任务的学习，在任务中按照操作规程，完成精馏塔单元流程框图/PFD绘制。			
应知应会要点	（需学生提炼）			
任务实施	1. 绘制精馏过程的主要设备PFD图例。 2. 启动仿真软件，完成初级工与中级工工艺流程图任务，要求在20min内完成。			

任务总结与评价

思考自己在学习过程中的兴趣点与学习难点，提炼个人优势。

任务二
穿戴劳保用品

任务描述

请以操作人员（外操岗位）的身份进入本任务的学习，在任务中按照操作规程，完成劳保用品的安全穿戴。

应知应会

众所周知，不戴安全帽易被坠物击中头部，安全帽不系带子，弯腰低头作业时易掉落，失去安全保护作用；不戴护目镜易被酸碱等化学品灼伤眼睛；不穿工作鞋易被地面尖物戳伤或被烫伤、砸伤；特殊工种不穿绝缘鞋易发生触电事故。劳保用品具有较强的防御作用。正确穿戴与

安全帽

模块一　精馏技术
项目四　精馏塔单元操作仿真训练

否，或穿与不穿，其结果有着明显的不同。不正确穿戴就起不到应有的保护作用；不按规范穿戴，作业中人身安全就无法得到保障。

劳保用品的穿戴标准：

① 工作服穿戴要求三紧：领口紧、袖口紧、下摆紧；

② 戴安全帽要求必须系带子，帽内衬垫不能过低，长发或辫子要盘在安全帽内；

③ 工作鞋带必须系牢，后跟部位要提好，不准拖拉；

④ 护目镜要戴好，不准用墨镜、眼镜代替护目镜；

⑤ 工作人员的工作服不应有可能被转动的机器咬住的部分；禁止戴围巾，穿长衣服；工作服禁用尼龙、化纤或棉和化纤混纺的衣料制作，以防工作服遇火燃烧加重烧伤程度；工作人员进入现场禁止穿高跟鞋；做接触高温物体的工作时，必须戴手套和穿专用工作服；

⑥ 任何人进入生产现场必须戴安全帽。

任务实施

工作任务单　穿戴劳保用品

姓名：	专业：	班级：	学号：	成绩：
步骤	内容			
任务描述	请以操作人员（外操岗位）的身份进入本任务的学习，在任务中按照操作规程，完成劳保用品穿戴。			
应知应会要点	（需学生提炼）			
任务实施	1. 进入工厂时，为什么要穿戴劳保用品？应穿戴哪些劳保用品？ 2. 启动仿真软件，完成初级工生产准备，要求在 20min 内完成。			

任务总结与评价

思考自己在学习过程中的兴趣点与学习难点，提炼个人优势。

1-4-5

任务三
辨识精馏塔单元的安全风险

任务描述
请以操作人员（外操岗位）的身份进入本任务的学习，在任务中需要按照操作规程，完成精馏塔单元的安全风险辨识。

应知应会
在进行安全风险辨识时，应依据《生产过程危险和有害因素分类与代码》（GB/T 13861—2022）的规定，对潜在的人的因素、物的因素、环境因素、管理因素等危害因素进行辨识，充分考虑危害的根源和性质。如：造成火灾和爆炸的因素；造成物体打击、高处坠落、机械伤害的原因；造成中毒、窒息、触电及辐射的因素；人机工程因素；设备腐蚀、焊接缺陷等；导致有毒有害物料、气体泄漏的原因等。

在精馏塔操作中要进行安全风险辨识，主要对风向袋、洗眼器、静电释放器、防雷接地及灭火器进行检查。

（1）静电释放器　静电释放器（图4-3）采用一种无源式电路，利用人体上的静电使电路工作，最后达到消除静电的作用。在入厂前需去静电，避免产生静电火花带来危险。

（2）风向袋　在化工企业有毒有害介质泄漏时，逃生时必须向上风向跑，这时风向袋（图4-4）就起到了至关重要的作用，风向袋指示的方向是风的去向，上风向就是风向袋指示的相反方向。

（3）洗眼器　洗眼器（图4-5）作为事故发生时的急救设备，其设置的目的是在第一时间提供水冲洗伤者遭受化学物质喷溅的眼睛、面部或身体，降低化学物质的伤害程度。

图4-3　静电释放器　　　　图4-4　风向袋　　　　图4-5　洗眼器

（4）防雷接地　雷电流漏放入地时，因闭合环形接地体的均衡作用，化工厂生产装置在防爆区域内的所有金属设备在闭合圈内不受雷电流影响而出现电位梯度现象。

（5）灭火器　灭火剂在燃烧物表面形成覆盖层，使燃烧物表面与空气隔离；遮断火

模块一　精馏技术
项目四　精馏塔单元操作仿真训练

焰对燃烧物的热辐射，防止燃烧物的蒸发或热解挥发，使可燃气体难以进入燃烧区。化工厂具有一定的危险性，故在化工厂中应配备灭火器。

任务实施

工作任务单　辨识精馏塔单元的安全风险

姓名：	专业：		班级：		学号：		成绩：
步骤	内容						
任务描述	请以操作人员（外操岗位）的身份进入本任务的学习，在任务中按照操作规程，完成精馏塔安全风险辨识。						
应知应会要点	（需学生提炼）						
任务实施	1. 什么是受限空间作业？受限空间作业存在哪些风险？ 2. 启动仿真软件，完成初级工生产准备，要求在 20min 内完成。						

任务总结与评价

讲述自己在学习过程中的兴趣点与学习难点。

任务四
精馏塔的维护与保养

任务描述

请以操作人员（外操岗位）的身份进入本任务的学习，在任务中按照操作规程，完成精馏塔的维护与保养。

应知应会

化工设备的日常维护与保养是每个化工企业必不可少的环节。维护主要是为了防止日常生产中设备的磨损，保证化工设备的正常生产，同时提高设备的利用率。因此，对化工设备的运行、维护和检修制订相应的计划，以便随时了解设备的运行状态，第一时间对设备进行调整和维修是非常必要的。本任务主要讲述精馏塔设备的维护与保养。

首先是在精馏塔开车前进行精馏塔的盘车。

其次是对于已停工精馏塔进行受限空间作业的检查。GB 30871—2022《危险化学品

1-4-7

企业特殊作业安全规范》规定了危险化学品企业动火作业、进入受限空间作业、盲板抽堵作业、高处作业、吊装作业、临时用电作业、动土作业、断路作业的安全要求。

受限空间作业存在的风险及避免措施：

1. 机械伤害

避免措施：办理设备停电手续，切断设备动力电源，挂"禁止合闸"警示牌，专人监护。

2. 氧气不足

避免措施：检测设备内氧含量达 19.5% ～ 21%（体积分数）。

3. 通风不良

避免措施：打开设备通风孔进行自然通风。

采用强制通风。

佩戴空气呼吸器或长管面具。

采用管道空气送风，通风前必须对管道内介质和风源进行分析确认，严禁通入氧气补氧。

设备内温度需适宜人员作业。

4. 未定时监测

避免措施：作业前 30min 内，必须对设备内气体采样分析，检测合格后方可进入设备。

采样点应有代表性。

作业中应加强定时监测，情况异常立即停止作业。

5. 触电危害

避免措施：设备内照明电压应小于等于 36V，在潮湿容器、狭小容器内作业应小于等于 12V。

使用超过安全电压的手持电动工具，必须按规定配备漏电保护器。

6. 防护措施不当

避免措施：在缺氧、有毒环境中，佩戴隔离式防毒面具。

在易燃易爆环境中，使用防爆型低压灯具及不产生火花的工具，不准穿戴化纤织物。

在酸碱等腐蚀性环境中，穿戴好防腐蚀护具。

7. 通道不畅

避免措施：设备进出口通道，不得有阻碍人员进出的障碍物。

8. 应急设施不足或措施不当

避免措施：设备外备有空气呼吸器、消防器材和清水等相应的急救用品；

设备内事故抢救时，救护人员必须做好自身防护方能进入设备内实施抢救。

受限空间作业
安全注意事项

任务实施

工作任务单　精馏塔的维护与保养

姓名：	专业：		班级：	学号：		成绩：
步骤	内容					
任务描述	请以操作人员（外操岗位）的身份进入本任务的学习，在任务中按照操作规程，完成精馏塔的维护与保养。					

模块一 精馏技术
项目四 精馏塔单元操作仿真训练

续表

应知应会要点	（需学生提炼）
任务实施	启动仿真软件，完成初级工维护与保养任务，要求在30min内完成。

任务总结与评价

思考自己在学习过程中的兴趣点与学习难点，提炼个人优势。

任务五
精馏塔的开车操作

任务描述

请以操作人员（外操岗位）的身份进入本任务的学习，在任务中按照操作规程，完成精馏塔的开车操作。

应知应会

一、工艺流程简介

精馏单元工艺介绍

本流程是利用精馏方法，在脱丁烷塔中将丁烷从脱丙烷塔釜混合物中分离出来。精馏是将液体混合物部分汽化，利用其中各组分相对挥发度的不同，通过液相和气相间的质量传递来实现对混合物的分离。由于丁烷的沸点较低，即其挥发度较高，故丁烷易于从液相中汽化出来，再将汽化的蒸气冷凝，可得到丁烷组成高于原料的混合物，经过多次汽化冷凝，即可达到分离混合物中丁烷的目的。原料为67.8℃脱丙烷塔的釜液（主要有C_4、C_5、C_6、C_7等），由脱丁烷塔（DA-405）的第16块板进料（全塔共32块板），进料量由流量控制器FIC101控制。灵敏板温度由调节器TC101通过调节再沸器加热蒸汽的流量来控制提馏段灵敏板温度，从而控制丁烷的分离质量。脱丁烷塔塔釜液（主要为C_5以上馏分）一部分作为产品采出，一部分经再沸器（EA-418A、B）部分汽化为蒸气从塔底上升。塔釜的液位和塔釜产品采出量由LC101和FC102组成的串级控制器控制。再沸器采用低压蒸汽加热。塔釜蒸气缓冲罐（FA-414）液位由液位控制器LC102调节底部采出量控制。塔顶的上升蒸气（C_4馏分和少量C_5馏分）经塔顶冷凝器（EA-419）全部冷凝成液体，该冷凝液靠位差流入回流罐（FA-408）。塔顶压力PC102采用分程控制：在正常的压力波动下，通过调节塔顶冷凝器的冷却水量来调节压力，当压力超高时，压力报警系统发出报警信号，PC102调节塔顶至回流罐的排气量来控制塔顶压力调节气相出料。操作压力为4.25atm（表压），高压控制器PC101

1-4-9

分离过程操作与设备

将调节回流罐的气相排放量，来控制塔内压力稳定。冷凝器以冷却水为载热体。回流罐液位由液位控制器 LC103 调节塔顶产品采出量来维持恒定。回流罐中的液体一部分作为塔顶产品送下一工序，另一部分液体由回流泵（GA412A、B）送回塔顶作为回流，回流量由流量控制器 FC104 控制。

二、控制方案

串级回路是在简单调节系统基础上发展起来的。在结构上，串级回路调节系统有两个闭合回路。主、副调节器串联，主调节器的输出为副调节器的给定值，系统通过副调节器的输出操纵调节阀动作，实现对主参数的定值调节。所以在串级回路调节系统中，主回路是定值调节系统，副回路是随动系统。分程控制就是由一只调节器的输出信号控制两只或更多的调节阀，每只调节阀在调节器的输出信号的某段范围中工作。

三、主要设备

DA-405：脱丁烷塔

EA-419：塔顶冷凝器

FA-408：塔顶回流罐

GA412A、B：回流泵

EA-418A、B：塔釜再沸器

FA-414：塔釜蒸气缓冲罐

四、主要工艺参数

精馏塔单元主要工艺参数见表 4-2。

表 4-2　精馏塔单元主要工艺参数

位号	说明	类型	正常值	量程高限	量程低限	工程单位
FIC101	塔进料量控制	PID	14056.0	28000.0	0.0	kg/h
FC102	塔釜采出量控制	PID	7349.0	14698.0	0.0	kg/h
FC103	塔顶采出量控制	PID	6707.0	13414.0	0.0	kg/h
FC104	塔顶回流量控制	PID	9664.0	19000.0	0.0	kg/h
PC101	塔顶压力控制	PID	4.25	8.5	0.0	atm
PC102	塔顶压力控制	PID	4.25	8.5	0.0	atm
TC101	灵敏板温度控制	PID	89.3	190.0	0.0	℃
LC101	塔釜液位控制	PID	50.0	100.0	0.0	%
LC102	塔釜蒸汽缓冲罐液位控制	PID	50.0	100.0	0.0	%
LC103	塔顶回流罐液位控制	PID	50.0	100.0	0.0	%
TI102	塔釜温度	AI	109.3	200.0	0.0	℃
TI103	进料温度	AI	67.8	100.0	0.0	℃

续表

位号	说明	类型	正常值	量程高限	量程低限	工程单位
TI104	回流温度	AI	39.1	100.0	0.0	℃
TI105	塔顶气温度	AI	46.5	100.0	0.0	℃

五、操作规程

（1）进料过程 开 FA-408 放空阀 PC101 排放不凝气，稍开 FIC101 调节阀（不超过 20%），向精馏塔进料。

进料后，塔内温度略升，压力升高。当压力升至 0.5atm 时，关闭 PC101 调节阀投自动，并控制塔压不超过 4.25atm（如果塔内压力大幅波动，改回手动调节稳定压力）。

（2）启动再沸器 当塔压升至 0.5atm 时，打开冷凝水 PC102 调节阀至 50%；塔压基本稳定在 4.25atm 后，可加大塔进料（FIC101 开至 50% 左右）。

待塔釜液位 LC101 升至 20% 以上时，开加热蒸汽入口阀 V13，再稍开 TC101 调节阀，给再沸器缓慢加热，并调节 TC101 阀开度使塔釜液位 LC101 维持在 40%～60%。待 FA-414 液位 LC102 升至 50% 时，投自动，设定值为 50%。

（3）建立回流

① 随着塔进料增加和再沸器、冷凝器投用，塔压会有所升高。回流罐逐渐积液。

② 塔压升高时，通过开大 PC102 的输出，改变塔顶冷凝器冷却水量和旁路量来控制塔压稳定。

③ 当回流罐液位 LC103 升至 20% 以上时，先开回流泵 GA412A/B 的入口阀 V19，再启动泵，再开出口阀 V17，启动回流泵。

④ 通过 FC104 的阀开度控制回流量，维持回流罐液位不超高，同时逐渐关闭进料，全回流操作。

（4）调整至正常

① 当各项操作指标趋近正常值时，打开进料阀 FIC101。

② 逐步调整进料量 FIC101 至正常值。

③ 通过 TC101 调节再沸器加热量使灵敏板温度达到正常值。

④ 逐步调整回流量 FC104 至正常值。

⑤ 开 FC103 和 FC102 出料，注意塔釜、回流罐液位。

⑥ 将各控制回路投自动，各参数稳定并与工艺设计值吻合后，产品采出投串级。

任务实施

工作任务单 精馏塔的开车操作

姓名：	专业：		班级：	学号：		成绩：
步骤	内容					
任务描述	请以操作人员（外操岗位）的身份进入本任务的学习，在任务中按照操作规程，完成精馏塔的开车操作。					

分离过程操作与设备

续表

应知应会要点	（需学生提炼）
任务实施	启动仿真软件，完成冷态开车工况，要求成绩在 85 分以上，在 20min 内完成。

任务总结与评价

在操作过程中遇到的难点是什么？你是如何解决的？

任务六
精馏塔的停车操作

任务描述

请以操作人员（外操岗位）的身份进入本任务的学习，在任务中按照操作规程，完成精馏塔的停车操作。

应知应会

操作规程如下。

1. 降负荷

逐步关小 FIC101 调节阀，降低进料量至正常进料量的 70%。

在降负荷过程中，保持灵敏板温度的稳定和塔压的稳定，使精馏塔分离出合格产品。

在降负荷过程中，尽量通过 FC103 排出回流罐中的液体产品，至回流罐液位 LC103 降在 20% 左右。

在降负荷过程中，尽量通过 FC102 排出塔釜产品，使 LC101 降至 30% 左右。

2. 停进料和再沸器

在负荷降至正常的 70%，且产品已大部分采出后，停进料和再沸器。

关 FIC101 调节阀，停精馏塔进料。

关 TC101 调节阀和 V13 或 V16 阀，停再沸器的加热蒸汽。

关 FC102 调节阀和 FC103 调节阀，停止产品采出。

打开塔釜泄液阀 V10，排不合格产品，并控制塔釜降低液位。

手动打开 LC102 调节阀，对 FA-114 泄液。

3. 停回流

停进料和再沸器后，回流罐中的液体全部通过回流泵打入塔，以降低塔内温度。

当回流罐液位降至 0 时，关 FC104 调节阀，关泵出口阀 V17（或 V18），停泵 GA412A（或 GA412B），关入口阀 V19（或 V20），停回流。

1-4-12

开泄液阀 V10 排净塔内液体。

4. 降压、降温

打开 PC101 调节阀，将塔压降至接近常压后，关 PC101 调节阀。

全塔温度降至 50℃左右时，关塔顶冷凝器的冷却水（PC102 的输出为 0）。

任务实施

工作任务单　精馏塔的停车操作

姓名：	专业：		班级：	学号：	成绩：
步骤	内容				
任务描述	请以操作人员（外操岗位）的身份进入本任务的学习，在任务中按照操作规程，完成精馏塔的停车操作。				
应知应会要点	（需学生提炼）				
任务实施	启动仿真软件，完成停车工况，要求成绩在 85 分以上，在 20min 内完成。				

任务总结与评价

在操作过程中遇到的难点是什么？你是如何解决的？

任务七
精馏塔的事故处理

任务描述

请以操作人员（外操岗位）的身份进入本任务的学习，在任务中需要按照操作规程，完成精馏塔的事故处理操作。

应知应会

1. 热蒸汽压力过高

原因：热蒸汽压力过高。

现象：加热蒸汽的流量增大，塔釜温度持续上升。

处理：适当减小 TC101 调节阀的开度。

2. 热蒸汽压力过低

原因：热蒸汽压力过低。

现象：加热蒸汽的流量减小，塔釜温度持续下降。

处理：适当增大 TC101 的开度。

3. 冷凝水中断

原因：停冷凝水。

现象：塔顶温度上升，塔顶压力升高。

处理：① 开回流罐放空阀 PC101 保压。

② 手动关闭 FC101，停止进料。

③ 手动关闭 TC101，停加热蒸汽。

④ 手动关闭 FC103 和 FC102，停止产品采出。

⑤ 开塔釜排液阀 V10，排不合格产品。

⑥ 手动打开 LC102，对 FA-414 泄液。

⑦ 当回流罐液位为 0 时，关闭 FC104。

⑧ 关闭回流泵出口阀 V17/V18。

⑨ 关闭回流泵 GA412A/GA412B。

⑩ 关闭回流泵入口阀 V19/V20。

⑪ 待塔釜液位为 0 时，关闭泄液阀 V10。

⑫ 待塔顶压力降为常压后，关闭冷凝器。

4. 回流泵故障

原因：回流泵 GA412A 泵坏。

现象：GA412A 断电，回流中断，塔顶压力、温度上升。

处理：① 开备用泵入口阀 V20。

② 启动备用泵 GA412B。

③ 开备用泵出口阀 V18。

④ 关闭运行泵出口阀 V17。

⑤ 停运行泵 GA412A。

⑥ 关闭运行泵入口阀 V19。

5. 回流控制阀 FC104 阀卡

原因：回流控制阀 FC104 阀卡。

现象：回流量减小，塔顶温度上升，压力增大。

处理：打开旁路阀 V14，保持回流。

模块一　精馏技术
项目四　精馏塔单元操作仿真训练

任务实施

工作任务单　精馏塔的事故处理

姓名：	专业：		班级：	学号：		成绩：
步骤	内容					
任务描述	请以操作人员（外操岗位）的身份进入本任务的学习，在任务中需要按照操作规程，完成精馏塔的事故处理操作。					
应知应会要点	（需学生提炼）					
任务实施	1. 启动仿真软件，完成事故处理工况，要求成绩在 85 分以上，在 20min 内完成。 2. 总结精馏塔操作过程中的事故现象及处理措施。					

任务总结与评价

请根据所学的精馏塔事故处理仿真操作，写下你认为精馏塔操作工在事故处理环节应掌握的知识及技能。

1-4-15

项目评价

项目综合评价表

姓名		学号		班级	
组别		组长及成员			

项目成绩：　　　　　　　　　总成绩：

任务	任务一	任务二	任务三	任务四	任务五	任务六	任务七
成绩							

自我评价

维度	自我评价内容	评分（1~10分）
知识	理解精馏塔单元的工艺流程	
	掌握精馏塔单元操作中关键参数的调控要点	
	掌握精馏塔操作中典型故障的现象和产生原因，以及设备的维护与保养	
	掌握化工工艺参数读取的方法及原则	
能力	能根据开车操作规程，配合班组指令，进行精馏塔单元的开车操作	
	能根据停车操作规程，配合班组指令，进行精馏塔单元的停车操作	
	根据生产中关键参数的正常运行区间，能够及时判断参数的波动方向和波动程度	
	了解精馏塔的维护与保养后，根据生产中的异常现象，能够及时、正确地判断故障类型，并妥善处理故障	
素质	能够通过理论联系实际，具备分析问题和解决问题的能力	
	遵守操作规程，具备严谨的工作态度	
	面对参数波动和生产故障时，具备沉着冷静的心理素质和敏锐的观察判断能力	
	在生产过程中能够具备良好的观察力和逻辑判断力	
	培养化工安全意识，具备严谨细致的职业素养	

我的反思	我的收获	
	我遇到的问题	
	我最感兴趣的部分	
	其他	

项目拓展

可行性研究报告

可行性研究报告是从事一种经济活动（投资）之前，双方要从经济、技术、生产、供销直到社会各种环境、法律等各种因素进行具体调查、研究、分析，确定有利和不利的因素、项目是否可行，估计成功率大小、经济效益和社会效果程度，为决策者和主管机关审批的上报文件。

可行性研究报告主要是通过对项目的主要内容和配套条件，如市场需求、资源供应、建设规模、工艺路线、设备选型、环境影响、资金筹措、盈利能力等，从技术、经济、工程等方面进行调查研究和分析比较，并对项目建成以后可能取得的财务、经济效益及社会影响进行预测，从而提出该项目是否值得投资和如何进行建设的咨询意见，为项目决策提供依据的一种综合性分析方法。可行性研究具有预见性、公正性、可靠性、科学性的特点。

可行性研究报告编写参考大纲如下。

一、概述

包含项目概况、企业概况、编制依据、主要结论和建议等方面内容。

二、项目建设背景、需求分析及产出方案

包含规划政策符合性、企业发展战略需求分析、项目市场需求分析、项目建设内容、规模和产出方案、项目商业模式等。

三、项目选址与要素保障

包含项目选址或选线、项目建设条件、要素保障分析等。

1. 项目选址或选线

通过多方案比较，选择项目最佳或合理的场址或线路方案，明确拟建项目场址或线路的土地权属、供地方式、土地利用状况、矿产压覆、占用耕地和永久基本农田、涉及生态保护红线、地质灾害危险性评估等情况。备选场址方案或线路方案比选要综合考虑规划、技术、经济、社会等条件。

2. 项目建设条件

分析拟建项目所在区域的自然环境、交通运输、公用工程等建设条件。其中，自然环境条件包括地形地貌、气象、水文、泥沙、地质、地震、防洪等；交通运输条件包括铁路、公路、港口、机场、管道等；公用工程条件包括周边市政道路、水、电、气、热、消防和通信等。阐述施工条件、生活配套设施和公共服务依托条件等。改扩建工程要分析现有设施条件的容量和能力，提出设施改扩建和利用方案。

3. 要素保障分析

（1）土地要素保障　分析拟建项目相关的国土空间规划、土地利用年度计划、建设用地控制指标等土地要素保障条件，开展节约集约用地论证分析，评价用地规模和功能分区的合理性、节地水平的先进性。说明拟建项目用地总体情况，包括地上（下）物情况等；涉及耕地、园地、林地、草地等农用地转为建设用地的，说明农用地转用指标的落实、转用审批手续办理安排及耕地占补平衡的落实情况；涉及占用永久基本农田的，说明永久基本农田占用补划情况；如果项目涉及用海用岛，应明确用海用岛的方式、具体位置和规模等内容。

（2）资源环境要素保障　分析拟建项目水资源、能源、大气环境、生态等承载能力及其保障条件，以及取水总量、能耗、碳排放强度和污染减排指标控制要求等，说明是否存在环境敏感区和环境制约因素。对于涉及用海的项目，应分析利用港口岸线资源、航道资源的基本情况及其保障条件；对于需围填海的项目，应分析围填海基本情况及其保障条件。

四、项目建设方案

包含技术方案、设备方案、工程方案、资源开发方案、用地用海征收补偿（安置）方案、数字化方案、建设管理方案等内容。

分离过程操作与设备

1. 技术方案

通过技术比较提出项目生产方法、生产工艺技术和流程、配套工程（辅助生产和公用工程等）、技术来源及其实现路径，论证项目技术的适用性、成熟性、可靠性和先进性。对于专利或关键核心技术，需要分析其获取方式、知识产权保护、技术标准和自主可控性等。简述推荐技术路线的理由，提出相应的技术指标。

2. 设备方案

通过设备比选提出拟建项目主要设备（含软件）的规格、数量和性能参数等内容，论述设备（含软件）与技术的匹配性和可靠性、设备和软件对工程方案的设计技术需求，提出关键设备和软件推荐方案及自主知识产权情况。必要时，对关键设备进行单台技术经济论证。利用和改造原有设备的，提出改造方案及其效果。涉及超限设备的，研究提出相应的运输方案，特殊设备提出安装要求。

3. 工程方案

通过方案比选提出工程建设标准、工程总体布置、主要建（构）筑物和系统设计方案、外部运输方案、公用工程方案及其他配套设施方案，明确工程安全质量和安全保障措施，对重大问题制定应对方案。涉及分期建设的项目，需要阐述分期建设方案；涉及重大技术问题的，还应阐述需要开展的专题论证工作。

4. 资源开发方案

对于资源开发类项目，应依据资源开发规划、资源储量、资源品质、赋存条件、开发价值等，研究制定资源开发和综合利用方案，评价资源利用效率。

5. 用地用海征收补偿（安置）方案

涉及土地征收或用海海域征收的项目，应根据有关法律法规政策规定，确定征收补偿（安置）方案，包括征收范围、土地现状、征收目的、补偿方式和标准、安置对象、安置方式、社会保障等内容。用海用岛涉及利益相关者的，应根据有关法律法规政策规定等，确定利益相关者协调方案。

6. 数字化方案

对于具备条件的项目，研究提出拟建项目数字化应用方案，包括技术、设备、工程、建设管理和运维、网络与数据安全保障等方面，提出以数字化交付为目的，实现设计-施工-运维全过程数字化应用方案。

7. 建设管理方案

提出项目建设组织模式、控制性工期和分期实施方案，确定项目建设是否满足投资管理合规性和施工安全管理要求。

五、项目运营方案

包含生产经营方案、安全保障方案、运营管理方案。

六、项目投融资与财务方案

包含投资估算、盈利能力分析、融资方案、债务清偿能力分析、财务可持续性分析。

七、项目影响效果分析

包含经济影响分析、社会影响分析、生态环境影响分析、资源和能源利用效果分析、碳达峰碳中和分析。

八、项目风险管控方案

包含风险识别与评价、风险管控方案、风险应急预案。

九、研究结论及建议

包含主要研究结论、问题与建议。

十、附表、附图和附件

根据项目实际情况和相关规范要求，研究确定并附具可行性研究报告必要的附表、附图和附件等。

思考：请查阅相关文献，了解设备选型（如离心泵项目、精馏塔项目等）过程中需考虑的要点有哪些，需参考的标准又有哪些。

1-4-18

项目五　精馏操作实训

学习目标

知识目标
1. 熟悉板式精馏塔的工作原理、基本结构及流程。
2. 了解精馏塔控制时需要控制的参数、检测位置、检测传感器及参数控制方法。

能力目标
1. 能够根据所学知识完成实训。
2. 观察塔板上气-液传质过程全貌,通过分析精馏塔的操作及影响因素,进行现场故障分析。
3. 能识读精馏装置的工艺流程图、设备示意图和装置平面图。

素质目标
1. 通过实训操作,培养学生动手能力。
2. 按照操作规程,避免事故发生,培养学生安全意识。
3. 面对生产故障时,临危不乱,具备解决问题能力和责任意识。
4. 小组完成实训操作,培养学生团队协作能力。

项目导言

精馏技术是化工生产中应用较为广泛的分离技术,且精馏技术也比较成熟。
本项目精馏实训操作,模拟化工企业操作流程进行任务设计。具体任务列表如下:
① 精馏装置的联调与试车;
② 常压精馏操作实训;
③ 减压精馏操作实训;
④ 日常维护与事故处理。

分离过程操作与设备

任务一
精馏装置的联调与试车

任务描述

请以操作人员的身份进入本任务的学习，在任务中了解精馏装置的工艺，并完成精馏装置的联调与试车。

应知应会

一、实训装置流程

精馏实训装置流程见图 5-1。

（1）常压精馏流程　原料槽 V703 内约 20% 的水 - 乙醇混合液，经原料泵 P702 输送至原料加热器 E701，预热后，由精馏塔中部进入精馏塔 T701，进行分离。气相由塔顶馏出，经冷凝器 E702 冷却后，进入冷凝液槽 V705，经产品泵 P701，一部分送至精馏塔上部第一块塔板作回流；另一部分送至塔顶产品槽 V702 作为产品采出。塔釜残液经塔底换热器 E703 冷却后送残液槽 V701。

（2）真空精馏流程　本装置配置了真空流程，主物料流程与常压精馏流程相同，在原料槽 V703、冷凝液槽 V705、产品槽 V702、残液槽 V701 均设置抽真空阀，被抽出的气体经真空总管进入真空缓冲罐 V704，然后由真空泵 P703 抽出放空。

二、工艺操作指标

1. 温度控制

预热器出口温度（TICA712）：75 ~ 85℃，高限报警：H=85℃（具体根据原料的浓度来调整）；

再沸器温度（TICA714）：80 ~ 100℃，高限报警：H=100℃（具体根据原料的浓度来调整）；

塔顶温度（TIC703）：78 ~ 80℃（具体根据产品的浓度来调整）。

2. 流量控制

冷凝器上冷却水流量：600L/h；

进料流量：0 ~ 40L/h；

回流流量与塔顶产品流量由塔顶温度控制。

3. 液位控制

再沸器液位：0 ~ 280mm，高限报警：H=120mm，低限报警：L=60mm；

原料槽液位：0 ~ 800mm，高限报警：H=650mm，低限报警：L=50mm。

4. 压力控制

系统压力：-0.04 ~ 0.02MPa。

5. 质量浓度控制

原料中乙醇含量：约为 20%；

1-5-2

模块一 精馏技术
项目五 精馏操作实训

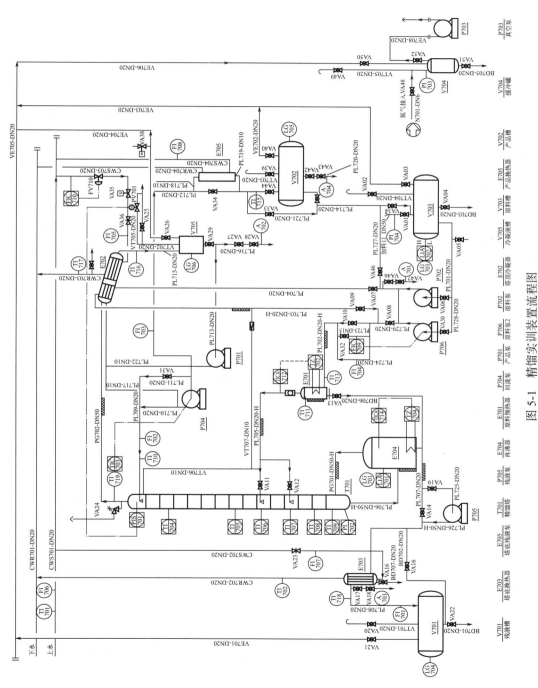

图 5-1 精馏实训装置流程图

塔顶产品乙醇含量：约为 90%；

塔底产品乙醇含量：< 5%。

以上浓度分析指标是指用酒精比重计在样品冷却后进行粗测定的值，若分析方法改变，则应作相应换算。

三、主要设备及阀门

（1）主要静设备　主要静设备见表 5-1。

表 5-1　主要静设备列表

编号	名称	规格型号	数量
1	塔底产品槽	不锈钢（牌号 SUS304，下同），ϕ529mm×1160mm，V=200L	1
2	塔顶产品槽	不锈钢，ϕ377mm×900mm，V=90L	1
3	原料槽	不锈钢，ϕ630mm×1200mm，V=340L	1
4	真空缓冲罐	不锈钢，ϕ400mm×800mm，V=90L	1
5	冷凝液槽	不锈钢，ϕ200mm×450mm，V=16L	1
6	原料加热器	不锈钢，ϕ426mm×640mm，V=46L，P=9kW	1
7	塔顶冷凝器	不锈钢，ϕ370mm×1100mm，F=2.2m^2	1
8	再沸器	不锈钢，ϕ528mm×1100mm，P=21kW	1
9	塔底换热器	不锈钢，ϕ260mm×750mm，F=1.0m^2	1
10	精馏塔	主体不锈钢 DN200，共 14 块塔板	1
11	产品换热器	不锈钢，ϕ108mm×860mm，F=0.1m^2	1

（2）主要动设备　主要动设备见表 5-2。

表 5-2　主要动设备列表

编号	名称	规格型号	数量
1	回流泵	齿轮泵，MG213XK/AC380，最大流量：120L/h	1
2	产品泵	同"回流泵"规格型号	1
3	原料泵	离心泵，MS60-370W 380V，额定流量：60L/min	1
4	真空泵	旋片式真空泵（流量 4L/s），2XZ-4 220V	1
5	塔底残液泵	威乐泵，RS15/6，最大流量：2.5m^3/h	1
6	原料泵 2	同"回流泵"规格型号	1

（3）主要阀门一览表　主要阀门见表 5-3。

表 5-3　主要阀门一览表

序号	编号	名称	序号	编号	名称
1	VA01	原料槽进料阀	8	VA08	原料泵出口阀
2	VA02	原料槽放空阀	9	VA09	精馏塔原料液进口阀 1
3	VA03	原料槽抽真空阀	10	VA10	快速进料阀
4	VA04	原料槽底排污阀	11	VA11	精馏塔原料液进口阀 2
5	VA05	原料泵 2 进口阀	12	VA12	塔底残液泵进口阀
6	VA06	原料泵进口阀	13	VA13	原料预热器排污阀
7	VA07	原料泵 2 出口阀	14	VA14	再沸器至塔底换热器连接阀门

续表

序号	编号	名称	序号	编号	名称
15	VA15	精馏塔排污阀	34	VA34	产品罐出口阀
16	VA16	塔底换热器排污阀	35	VA35	塔顶冷却水入口电磁阀
17	VA17	塔底换热器取样阀1	36	VA36	精馏塔塔顶冷凝器冷却水进水阀
18	VA18	塔底换热器取样阀2	37	VA37	塔顶冷凝器冷却水高位放空阀
19	VA19	塔底残液泵出口排污阀	38	VA38	真空管道电磁阀
20	VA20	原料泵进口排污阀	39	VA39	产品槽放空阀
21	VA21	残液槽抽真空阀	40	VA40	产品槽抽真空阀
22	VA22	残液罐排污阀	41	VA41	产品槽进料阀
23	VA23	塔底换热器冷却水进口阀	42	VA42	产品槽旁通阀
24	VA24	残液罐放空阀	43	VA43	产品槽取样阀1
25	VA25	塔顶冷凝液槽放空阀	44	VA44	产品槽取样阀2
26	VA26	冷凝液槽抽真空阀	45	VA45	原料泵出口取样阀1
27	VA27	循环上水总阀	46	VA46	原料泵出口取样阀2
28	VA28	循环下水总阀	47	VA47	冷凝液槽取样阀1
29	VA29	冷凝液槽出口阀	48	VA48	冷凝液槽取样阀2
30	VA30	产品泵出口阀	49	VA49	真空缓冲罐放空阀
31	VA31	回流泵进口阀	50	VA50	真空缓冲罐进气阀
32	VA32	回流泵出口阀	51	VA51	真空缓冲罐排污阀
33	VA33	原料罐循环进料阀	52	VA52	真空缓冲罐抽真空阀

四、装置联调

装置联调也称水试，是用水、空气等介质，代替生产物料所进行的一种模拟生产状态的试车。目的是检验生产装置连续通过物料的性能，此时可以对水进行加热或降温，观察仪表是否能准确指示流量、温度、压力、液位等数据，以及设备的运转是否正常等情况。

此操作在装置初次开车时很关键，平常的实训操作中，可以根据具体情况，操作其中的某些步骤。

1. 检查

由相关操作人员组成装置检查小组，对本装置所有设备、管道、阀门、仪表、电气、保温等按工艺流程图要求和专业技术要求进行检查，确认无误。

2. 设备吹扫

打开系统内所有设备间连接管道上的阀门，关闭系统所有排污阀、取样阀、仪表根部阀（压力表无根部阀时应拆除压力表用合适的方式堵住引压管口），向系统内缓慢加水（可从原料槽底排污阀 VA04 或其他适合的接口处接通进水管），关注进水情况，检查装置是否泄漏，及时消除泄漏点并根据水位上升状况及时关闭相应的放空阀。当系统水加满后关闭放空阀，使系统适当承压（控制在 0.1MPa 以下）并保持 10min，系统无不正常现象则可以判定此项工作结束。然后打开放空阀，并保持常开状态，开装置低处的排污阀，将系统内水排放干净。

3. 系统试车

（1）常压试车 开启原料泵进口阀（VA06）、出口阀（VA08）、精馏塔原料液进口阀（VA09、VA11）、塔顶冷凝液槽放空阀（VA25）。

关闭精馏塔排污阀（VA15）、原料预热器排污阀（VA13）、再沸器至塔底换热器连接

1-5-5

阀门（VA14）、冷凝液槽出口阀（VA29）。

启动原料泵（P702），当原料预热器充满原料液（观察原料加热器顶的视盅有料液）后，打开精馏塔进料阀（VA11），往再沸器内加入原料液，调节再沸器液位至正常。

分别启动原料预热器、再沸器加热系统，用调压模块调节加热功率，系统缓慢升温，观测整个加热系统运行状况，系统运行正常则停止加热，排放完系统内的水。

（2）真空试车　开启真空缓冲罐抽真空阀（VA52），关闭真空缓冲罐进气阀（VA50），关闭真空缓冲罐放空阀（VA49）。

启动真空泵（P703），当真空缓冲罐压力达到 -0.05MPa 时，缓开真空缓冲罐进气阀（VA50）及原料槽抽真空阀（VA03）、残液槽抽真空阀（VA21）、冷凝液槽抽真空阀（VA26）和产品槽抽真空阀（VA40）。当系统真空压力达到 -0.03MPa 时，关真空缓冲罐抽真空阀（VA52），停真空泵。

观察真空缓冲罐压力上升速度情况，当真空缓冲罐压力每 10min 上升不超过 0.01MPa 时，可判定真空系统正常。

4．声光报警系统检验

信号报警系统有：试灯状态、正常状态、报警状态、消音状态、复原状态。

试灯状态：在正常状态下，检查灯光回路是否完好（按控制面板上的试验按钮）。

正常状态：此时，设备运行正常，没有灯光或音响信号。

报警状态：当被测工艺参数偏离规定值或运行状态出现异常时，控制面板上的闪光报警器发出音响灯光信号，以提醒操作人员。

接收状态：操作人员可以按控制面板上的消音按钮，从而解除音响信号，保留灯光信号。

复原状态：当故障解除后。报警系统恢复到正常状态。

五、操作步骤

1．开车前准备

（1）由相关操作人员组成装置检查小组，对本装置所有设备、管道、阀门、仪表、电气、保温等按工艺流程图要求和专业技术要求进行检查，确认无误。

（2）检查所有仪表和设备是否处于正常状态。

（3）试电

① 检查外部供电系统，确保控制柜上所有开关均处于关闭状态。

② 开启外部供电系统总电源开关。

③ 打开控制柜上空气开关（1QF）。

④ 打开装置仪表电源总开关（2QF），打开仪表电源开关（SA1），查看所有仪表是否上电，指示是否正常。

⑤ 将各阀门顺时针旋转到关的状态。

（4）准备原料。配制质量分数约为 20% 的乙醇溶液 60L，通过原料槽进料阀（VA01），加入原料槽，到其容积的 1/2 ～ 2/3。

（5）开启公用系统。将冷却水管进水总管和自来水龙头相连、冷却水出水总管接软管到下水道，备用。

2．常压精馏操作

常压精馏操作步骤见任务二。

任务实施

工作任务单 精馏装置的联调与试车

姓名：	专业：	班级：	学号：	成绩：

步骤	内容
任务描述	请以操作人员的身份进入本任务的学习，在任务中了解精馏装置的工艺，完成精馏装置的联调与试车。
应知应会要点	（需学生提炼）
任务实施	1. 在图中标出各个阀门和设备的名称、位置。 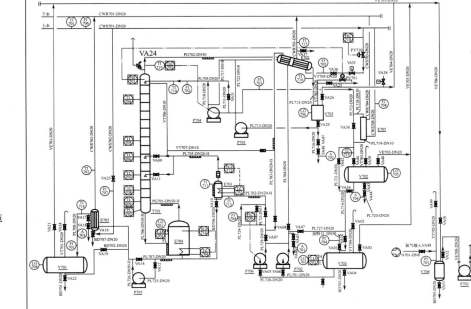 2. 操作前准备情况确认。 ① 精馏原料为 12%±0.2%（质量分数）的乙醇水溶液（室温）； ② 原料罐中原料加满，原料预热器预热并清空、精馏塔塔体已全回流预热，其他管路系统已尽可能清空； ③ 原料预热器、塔釜再沸器无物料，需根据考核细则自行加料至合适液位； ④ 进料状态为常压，进料温度尽可能控制在泡点温度（自行控制），进料量≤60L/h，操作时进料位置自选； ⑤ DCS 系统中的评分表经裁判员清零、复位且所有数据显示为零，复位键呈绿色； ⑥ 设备供水为进水总管，电已接至控制台； ⑦ 所有工具、量具、标志牌、器具均已置于适当位置备用。

任务总结与评价

谈谈本次操作的注意事项有哪些。

分离过程操作与设备

任务二
常压精馏操作实训

任务描述

请以操作人员的身份进入本任务的学习，在任务中了解精馏装置的工艺，并完成实训操作。

应知应会

一、实训装置流程

详见任务一。

二、常压精馏开车操作

（1）配制一定浓度的乙醇与水的混合溶液，加入原料槽。

（2）开启控制台、仪表盘电源。

（3）开启原料泵（P702）进、出口阀门（VA06、VA08），精馏塔原料液进口阀（VA10、VA11）。

（4）开启塔顶冷凝液槽放空阀（VA25）。

（5）关闭预热器和再沸器排污阀（VA13和VA15）、再沸器至塔底冷却器连接阀门（VA14）、塔顶冷凝液槽出口阀（VA29）。

（6）启动原料泵（P702），开启原料泵出口阀门快速进料（VA10），当原料预热器充满原料液后，可缓慢开启原料预热器加热器，同时继续往精馏塔塔釜内加入原料液，调节好再沸器液位，并酌情停原料泵。

（7）启动精馏塔再沸器加热系统，系统缓慢升温，开启精馏塔塔顶冷凝器冷却水进、出水阀（VA36），调节好冷却水流量，关闭冷凝液槽放空阀（VA25）。

（8）当冷凝液槽液位达到1/3时，开产品泵（P701）阀门（VA29、VA31），启动产品泵（P701），系统进行全回流操作，控制冷凝液槽液位稳定，控制系统压力、温度稳定。当系统压力偏高时可通过冷凝液槽放空阀（VA25）适当排放不凝性气体。

（9）当系统稳定后，开塔底换热器冷却水进、出口阀（VA23），开再沸器至塔底换热器阀门（VA14），开塔顶产品采出流量计阀门。

（10）手动或自动开启回流泵（P704）调节回流量，控制塔顶温度，当产品符合要求时，可转入连续精馏操作，通过调节产品流量控制塔顶冷凝液槽液位。

（11）当再沸器液位开始下降时，可启动原料泵2（P706），将原料打入原料预热器预热，调节加热功率，原料达到要求温度后，送入精馏塔，或开原料至塔顶换热器的阀门，让原料与塔顶产品换热回收热量后进入原料预热器预热，再送入精馏塔。

（12）当塔底温度过高（大于95℃），开启塔底残液泵（P706）的进口阀门（VA19），开启残液泵，排放残液。

（13）调整精馏系统各工艺参数稳定，建立塔内平衡体系。

（14）按时做好操作记录。

模块一　精馏技术
项目五　精馏操作实训

三、常压精馏停车操作

（1）系统停止加料，停止原料预热器加热，关闭原料泵 2（P706）进出、口阀（VA30、VA08），停原料泵 2。

（2）根据塔内物料情况，停止再沸器加热。

（3）当塔顶温度下降，无冷凝液馏出后，关闭塔顶冷凝器冷却水进水阀（VA36），停冷却水，停产品泵、回流泵和残液泵，关泵进、出口阀（VA29、VA31 和 VA19）。

（4）当再沸器和预热器物料冷却后，开再沸器和预热器排污阀（VA13、VA14 和 VA15），放出预热器及再沸器内物料，开塔底冷凝器排污阀（VA16），塔底产品槽排污阀（VA22），放出塔底冷凝器内物料、塔底产品槽内物料。

（5）停控制台、仪表盘电源。

（6）做好设备及现场的整理工作。

任务实施

工作任务单　常压精馏操作实训

姓名：	专业：		班级：		学号：		成绩：
步骤	内容						
任务描述	请以操作人员的身份进入本任务的学习，在任务中了解精馏装置的工艺，完成实训操作。						
应知应会要点	（需学生提炼）						
任务实施	1. 按照操作步骤，完成常压精馏塔的开车操作，并记录实验数据。 塔顶产品质量分数要求大于 85%，实测结果：＿＿＿＿＿＿＿＿＿＿＿ 开车的主要步骤： 2. 数据记录：详见下页数据记录表						

任务总结与评价

谈谈本次操作的注意事项有哪些。

1-5-9

数据记录表 / 续表

序号	时间	进料系统				塔系统											冷凝系统				回流系统				残液系统		
		原料槽液位/mm	进料流量/(L/h)	预热器加热开度/%	进料温度/℃	塔釜液位/mm	再沸器加热开度/%	再沸器温度/℃	第三塔板温度/℃	第七塔板温度/℃	第十塔板温度/℃	第十一塔板温度/℃	第十三塔板温度/℃	塔釜蒸气温度/℃	塔釜压力/kPa	塔顶压力/kPa	塔顶蒸气温度/℃	冷凝液温度/℃	冷却水流量/(L/h)	冷却水出口温度/℃	塔顶温度/℃	回流温度/℃	回流流量/(L/h)	产品流量/(L/h)	残液流量/(L/h)	冷却水流量/(L/h)	阀V16开闭
1																											
2																											
3																											
4																											
5																											
6																											
7																											

操作记事

异常现象记录

操作人：　　　　　　　指导老师：

模块一　精馏技术
项目五　精馏操作实训

任务三
减压精馏操作实训

任务描述

请以操作人员的身份进入本任务的学习，在任务中了解精馏装置的工艺，并完成实训操作。

应知应会

一、实训装置流程

详见任务一。

二、减压精馏开车操作

（1）配制一定浓度的乙醇与水的混合溶液，加入原料槽。

（2）开启控制台、仪表盘电源。

（3）开启原料泵进、出口阀（VA06、VA08），精馏塔原料液进口阀（VA09、VA11）。

（4）关闭预热器和再沸器排污阀（VA13 和 VA15）、再沸器至塔底冷凝器连接阀门（VA14）、塔顶冷凝液槽出口阀（VA29）。

（5）启动原料泵快速进料，当原料预热器充满原料液后，可缓慢开启原料预热器加热器，同时继续往精馏塔塔釜内加入原料液，调节好再沸器液位，并酌情停原料泵。

（6）开启真空缓冲罐进、出口阀（VA50、VA52），开启各储槽的抽真空阀门（除原料罐外，原料罐始终保持放空），关闭其他所有放空阀门。

（7）启动真空泵，精馏系统开始抽真空，当系统真空压力达到 -0.05MPa 左右时，关真空缓冲槽出口阀（VA50），停真空泵。

（8）启动精馏塔再沸器加热系统，系统缓慢升温，开启精馏塔塔顶换热器冷却水进、出水阀，调节好冷却水流量。

（9）当冷凝液槽液位达到 1/3 时，开启回流泵 A 进出口阀，启动回流泵 A，系统进行全回流操作，控制冷凝液槽液位稳定，控制系统压力、温度稳定。当系统压力偏高时可通过真空泵适当排放不凝性气体，控制好系统真空度。

（10）当系统稳定后，开塔底换热器冷却水进口阀（VA23），开再沸器至塔底换热器阀门（VA14），开塔顶产品采出流量计阀门。

（11）手动或自动开启回流泵（P704），调节回流量，控制塔顶温度，当产品符合要求时，可转入连续精馏操作，通过调节产品流量控制塔顶冷凝液槽液位。

（12）当再沸器液位开始下降时，可启动原料泵 2（P706），将原料打入原料预热器预热，调节加热功率，原料达到要求温度后，送入精馏塔，或开原料至塔顶换热器的阀门（VA07、VA09），关闭阀门 VA08，让原料与塔顶产品换热回收热量后进入原料预热器预热，再送入精馏塔。

（13）调整精馏系统各工艺参数稳定，建立塔内平衡体系。

1-5-11

分离过程操作与设备

（14）按时做好操作记录。

三、减压精馏停车操作

（1）系统停止加料，停止原料预热器加热，关闭原料泵2（P706）进出口阀（VA30、VA08），停原料泵2。

（2）根据塔内物料情况，停止再沸器加热。

（3）当塔顶温度下降，无冷凝液馏出后，关闭塔顶冷凝器冷却水进水阀（VA36），停冷却水，产品泵、回流泵和残液泵，关泵进、出口阀（VA29、VA31和VA19）。

（4）当系统温度降到40℃左右，缓慢开启真空缓冲罐放空阀门（VA49），破除真空，然后开精馏系统各处放空阀（开阀门速度应缓慢），破除系统真空，系统恢复至常压状态。

（5）当再沸器和预热器物料冷却后，开再沸器和预热器排污阀（VA13、VA14和VA15），放出预热器及再沸器内物料，开塔底冷凝器排污阀（VA16），塔底产品槽排污阀（VA22），放出塔底冷凝器内物料、塔底产品槽内物料。

（6）停控制台、仪表盘电源。

（7）做好设备及现场的整理工作。

四、正常操作注意事项

精馏塔系统采用自来水做试漏检验时，系统加水速度应缓慢，系统高点排气阀应打开，密切监视系统压力，严禁超压。

再沸器内液位高度一定要超过100mm，才可以启动再沸器电加热器进行系统加热，严防干烧损坏设备。

原料预热器启动时应保证液位满罐，严防干烧损坏设备。

精馏塔釜加热应逐步增加加热电压，使塔釜温度缓慢上升，升温速度过快，易造成塔视镜破裂（热胀冷缩），大量轻、重组分同时蒸发至塔釜内，延长塔系统达到平衡时间。

精馏塔塔釜初始进料时进料速度不宜过快，防止塔系统进料速度过快、满塔。

系统全回流时应控制回流流量和冷凝流量基本相等，保持回流液槽液位稳定，防止回流泵抽空。

系统全回流流量控制在6～10L/h，保证塔系统气液接触效果良好，塔内鼓泡明显。

减压精馏时，系统真空度不宜过高，控制在0.02～0.04MPa，系统真空度控制采用间歇启动真空泵方式，当系统真空度高于0.04MPa时，停真空泵；当系统真空度低于0.02MPa时，启动真空泵。

减压精馏采样为双阀采样，操作方法为：先开上端采样阀，当样液充满上端采样阀和下端采样阀间的管道时，关闭上端采样阀，开启下端采样阀，用量筒接取样液，采样后关下端采样阀。

在系统进行连续精馏时，应保证进料流量和采出流量基本相等，各处流量计操作应互相配合，默契操作，保持整个精馏过程的操作稳定。

塔顶冷凝器的冷却水流量应保持在100～120L/h，保证出冷凝器塔顶液相温度在30～40℃、塔底冷凝器产品出口温度保持在40～50℃。

分析方法可以为酒精比重计分析或色谱分析。

任务实施

工作任务单　减压精馏操作实训

姓名：	班级：	专业：	学号：	成绩：

步骤	内容
任务描述	请以操作人员的身份进入本任务的学习，在任务中了解精馏装置的工艺，完成实训操作。
应知应会要点	（需学生提炼）

任务实施

1. 按照操作步骤，完成减压精馏塔的开车操作，并记录实验数据。
塔顶产品质量分率要求大于85%，实测结果：_____
开车的主要步骤：

2. 数据记录：

序号	时间	进料系统					塔系统										冷凝系统					塔顶温度 /℃	回流系统			残液系统		
		原料槽液位 /mm	进料流量 /(L/h)	预热器加热开度 /%	进料温度 /℃	塔釜液位 /mm	再沸器加热开度 /%	再沸器温度 /℃	第三塔板温度 /℃	第七塔板温度 /℃	第十塔板温度 /℃	第十一塔板温度 /℃	第十三塔板温度 /℃	塔釜蒸气温度 /℃	塔釜压力 /kPa	塔顶压力 /kPa	塔顶蒸气温度 /℃	冷凝液温度 /℃	冷却水流量 /(L/h)	冷却水出口温度 /℃			回流温度 /(L/h)	回流流量 /(L/h)	产品流量 /(L/h)	残液流量 /(L/h)	冷却水流量 /(L/h)	阀V16开闭
1																												
2																												
3																												
4																												
5																												
6																												
7																												

操作记事	
异常现象记录	

操作人：	指导老师：

分离过程操作与设备

任务总结与评价
谈谈本次操作的注意事项有哪些。

任务四
事故处理

任务描述
请以操作人员的身份进入本任务的学习，了解精馏实训过程中常见的事故处理措施。

应知应会
1. 故障处理

在精馏正常操作中，由教师给出隐蔽指令，通过不定时改变某些阀门的工作状态来扰动精馏系统正常的工作状态，分别模拟出实际精馏生产过程中的常见故障，学生根据各参数的变化情况、设备运行异常现象，分析故障原因，找出故障并动手排除故障，以提高学生对工艺流程的认识度和实际动手能力。

塔顶冷凝器无冷凝液产生：在精馏正常操作中，教师给出隐蔽指令，关闭塔顶冷却水入口的电磁阀 VA35，停通冷却水，学生通过观察温度、压力及冷凝器冷凝量等的变化，分析系统异常的原因并作处理，使系统恢复到正常操作状态。

真空泵全开时系统无负压：在减压精馏正常操作中，教师给出隐蔽指令，打开真空管道中的电磁阀 VA38，使管路直接与大气相通，学生通过观察压力、塔顶冷凝器冷凝量等的变化，分析系统异常的原因并作处理，使系统恢复到正常操作状态。

2. 异常现象及处理

精馏实训异常现象及处理措施见表 5-4。

表 5-4　精馏实训异常现象及处理措施

异常现象	原因分析	处理方法
精馏塔液泛	塔负荷过大； 回流量过大； 塔釜加热过猛	调整负荷或调节加料量，降低釜温； 减少回流，加大采出； 减小加热量
系统压力增大	不凝气积聚； 采出量少； 塔釜加热功率过大	排放不凝气； 加大采出量； 调整加热功率
系统压力负压	冷却水流量偏大； 进料温度<进料塔节温度	减小冷却水流量； 调节原料加热器加热功率
塔压差大	负荷大； 回流量不稳定； 液泛	减少负荷； 调节回流比； 按液泛情况处理

1-5-14

任务实施

工作任务单　事故处理

姓名：	专业：	班级：	学号：	成绩：

步骤	内容
任务描述	请以操作人员的身份进入本任务的学习，了解精馏实训过程中常见的事故处理措施。
应知应会要点	（需学生提炼）
任务实施	1.你所在小组最终的产品浓度为（　　　　）。（正常范围为85%～92%） 2.进料温度与进料板温度差不超过7℃。 3.再沸器液位维持在90～110mm。 4.塔顶馏出液产品温度控制在40℃以下。 5.塔顶回流液流量投自动稳定运行1200s以上。

任务总结与评价

在实训过程中，你是否遇到了故障？你是如何解决的？

项目评价

项目综合评价表

姓名		学号		班级	
组别		组长及成员			
项目成绩:			总成绩:		
任务	任务一		任务二	任务三	任务四
成绩					
自我评价					
维度	自我评价内容				评分（1～10分）
知识	熟悉板式精馏塔的工作原理、基本结构及流程				
	了解精馏塔控制时需要控制的参数、检测位置、检测传感器及参数控制方法				
能力	能够根据所学知识完成实训				
	观察塔板上气-液传质过程全貌，通过分析精馏塔的操作及影响因素，进行现场故障分析				
	能识读精馏装置的工艺流程图、设备示意图和装置平面图				
素质	通过实训操作，培养学生动手能力				
	按照操作规程，避免事故发生，培养学生安全意识				
	面对生产故障时，临危不乱，具备解决问题能力和责任意识				
	小组完成实训操作，培养学生团队协作能力				
我的反思	我的收获				
	我遇到的问题				
	我最感兴趣的部分				
	其他				

项目拓展

精馏塔单板效率的测定

1. 精馏塔单板效率 E_M 的定义

对于第 n 块板（自上而下）而言

$$E_M = \frac{y_n - y_{n+1}}{y_n^* - y_{n+1}}$$

式中　y_n——离开第 n 块板的蒸气组成，摩尔分数；

　　　y_{n+1}——进入第 n 块板的蒸气组成，摩尔分数；

　　　y_n^*——与第 n 块板液体组成 x_n 成平衡的蒸气组成，摩尔分数。

在任意回流比下，只要把进、出塔板的蒸气引出加以冷凝并测定其组成，再把离开该塔板的液体引出并测定其组成，根据平衡关系查出与之对应的 y_n^* 就可以求出该回流比下该塔板的单板效率。

2. 精馏塔单板效率 E_M 的测定

精馏塔单板效率 E_M 的实际测定一般在全回流状态下进行，此时的回流比 R 无限大，操作线与对角线重合，因此 $y_{n+1} = x_n$，而 $y_n = x_{n-1}$，如图 5-2 所示，即在全回流情况下，如测定第 n 块塔板的单板效率，只需测出该板及其上一层板的液相组成，并根据 x_n 的值，由平衡曲线上找出 y_n^* 再代入 E_M 计算公式，得出全回流状态下的 E_M。

$$E_M = \frac{y_n - x_n}{y_n^* - x_n}$$

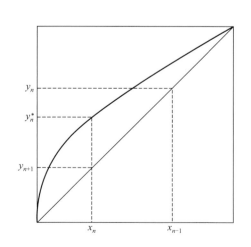 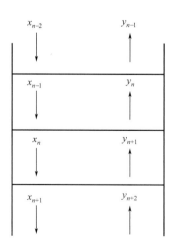

图 5-2　塔板效率

扩展：（1）你在实训中是否愿意挑战一下自己，尝试计算一下第 13 块塔板的单板效率。

（2）请你用计算机根据平衡数据，绘制一张乙醇-水的 x-y 相图。并在图上采用图解法，画出本次理论塔板数。

模块二

吸收－解吸技术

项目六　气体吸收

 学习目标

知识目标
1．了解吸收操作在化工生产中的重要应用、吸收装置的结构和特点。
2．熟悉溶解相平衡关系，分析吸收操作，判断过程进行的方向、限度和难易程度。
3．掌握吸收的基本概念、基本理论、提高吸收速率的方法；选择适宜的操作条件，会进行吸收的物料衡算以及吸收剂用量的计算。

能力目标
1．运用双膜原理、亨利定律去分析和解决工业常用的吸收过程有关问题。
2．熟悉解吸过程中常用设备的结构、性能，会根据任务进行相关设备的选型。
3．能正确查阅和使用与吸收相关的资料、手册和计算图表。
4．根据生产的吸收任务确定吸收剂的用量，计算填料层高度。

素质目标
1．树立安全环保意识，培养理论联系实际的思维方式、严谨治学的科学态度。
2．遵守操作规程，培养认真细致的工作态度。

 项目导言

由于均相混合物系有气态均相混合物和液态均相混合物之分，本项目介绍均相气态混合物的分离方法。均相气体混合物分离方法目前有吸收法和吸附法两种。

吸附法是将多孔性固体物料与气态或液态混合物进行接触，有选择性地使流体中的一种或几种组分附着于固体的内外表面，从而使混合物中各组分得以分离的方法。用于气相分离时主要目的是分离和纯化气体混合物，如常温空气分离氧氮，酸性气体脱除，从各种气体中分离回收 H_2、CO、CO_2、CH_4、C_2H_4 等，但这种方法处理气体的能力有限。对于大量气体混合物的分离则普遍使用吸收法。

气体吸收是一种重要的分离单元操作，它利用混合气体中各组分在所选择的液体中溶解程度的差异，有选择性地使混合气体中一种或几种组分溶于此液体而形成溶液，其他未溶解的组分仍保留在气相中，以达到从混合气体中分离出某组分的目的。在石油化工、无机化工、精细化工、环境保护等部门得到了广泛的应用。吸收剂的用量直接关系到化工过程经济性，掌握亨利定律对了解双膜理论、判断如何优化吸收操作条件具有很重要的意义，并且可以解决生产中的有关问题。正确地对填料塔设备进行操作，本项目学习吸收的基本知识、了解吸收过程及其应用。

主要任务内容有：

① 了解吸收过程及其应用；

② 学习吸收基础知识。

任务一
了解气体吸收过程及其应用

任务描述

请以新入职员工的身份进入本任务的学习，通过任务学习，了解吸收过程及其应用。

应知应会

一、气体吸收在化工生产中的应用

在化学工业生产中，常常需要从气体混合物中分离出其中一种或多种组分。例如，在合成氨工业中，为了净制原料气，用水处理原料气以除去其中的二氧化碳等。吸收操作就是分离气体混合物的一种方法。使气体溶解于液体中的操作称为吸收操作。当气体混合物与适当的液体接触时，气体中的一个或几个组分溶解于液体中，而不能溶解的组分仍留在气体中，使气体混合物得到了分离。

吸收操作在化工生产中应用很广，有以下几个方面：

（1）净化或精制气体　工业上为除去原料气中所含的杂质，吸收是最常用的方法。例如，用乙醇胺溶液脱除石油裂解气或天然气中的硫化氢；乙烯直接氧化制环氧乙烷生产中原料气的脱硫、脱卤化物；合成甲烷工业中的脱硫、脱 CO_2；二氯乙烷生产过程中用水去除氯化氢等。除去有害组分以净化气体。如：合成氨工业中用水或碱液脱除原料气中的二氧化碳，用铜氨液除去原料气中的一氧化碳等。

（2）分离气体混合物　用以得到目的产物或回收其中的一些组分，如石油裂解气油的吸收分离，将 C_2 以上的组分与甲烷、氢分开；用 N- 甲基吡咯烷酮作溶剂，将天然气部分氧化所得裂解气中的乙炔分离出来；焦炉气用洗油吸收以回收苯；乙烯直接氧化制环氧乙烷生产中，用吸收法分离反应气体中的环氧乙烷；从乙醇催化裂解气中分离丁二烯等。

（3）将最终气态产品制成溶液或中间产品　将气体中需用的组分用指定的溶剂吸收出来，成为液态的产品或半成品。如用水吸收氯化氢气体制成盐酸，在甲醇蒸气氧化后用水吸收甲醛蒸气制甲醛溶液，用水吸收丙烯腈作为中间产物等。

（4）废气治理　磷肥生产中，放出的含氟废气具有强烈的腐蚀性，可采用水及其他盐类经吸收制成有用的氟硅酸钠、冰晶石等，硝酸尾气中含氮的氧化物可以用碱吸收制

成硝酸钠等有用物质。很多工业废气中含 SO_2、NO_x（主要是 NO 及 NO_2）、汞蒸气等有害成分，虽然浓度一般很低，但对人体和环境的危害甚大，因此必须进行处理，这类环境保护问题在我国已愈来愈受重视。选择适当的工艺和溶剂进行吸收，是废气处理中应用较广的方法。

二、工业吸收过程

工业吸收多为逆流流程，因为混合气体与吸收剂是逆向流动的，且多在填料塔内进行。混合气体从塔底引入吸收塔，在压差作用下向上流动；吸收剂从塔顶引入，在重力作用下向下流动。吸收剂吸收了吸收质后形成的液体为吸收液或溶液从塔底引出，吸收后剩余的气体为尾气从塔顶引出。

以合成氨气脱二氧化碳（图 6-1）为例：

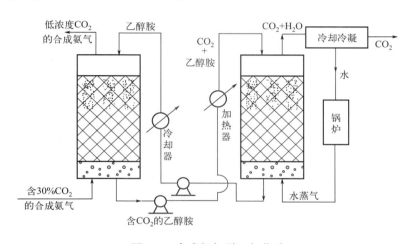

图 6-1　合成氨气脱二氧化碳

如图 6-2 所示是吸收过程简单示意图，主要设备是吸收塔，含有 A 和 B 的混合气体从塔底部进入吸收塔，在吸收塔内完成吸收过程后，吸收尾气从塔顶排出。吸收剂（S）从塔顶进入，在吸收塔内吸收了某个组分后从塔底排出，得到吸收液（S+A）。在这个吸收流程中，混合气中只有一个组分溶解在吸收剂中，这种称为单组分吸收过程。

溶质：混合气体中，能够显著溶解的组分称为溶质或吸收质。

惰性组分：不被溶解的组分称为惰性组分或载体。

吸收剂：吸收操作中所用的溶剂称为吸收剂或溶剂。

吸收液：吸收操作中所得到的溶液称为吸收液或溶液，其成分为溶质 A 和溶剂 S。

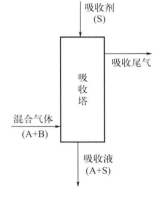

图 6-2　吸收过程

吸收尾气：吸收操作中排出的气体称为吸收尾气，从吸收塔顶排出的气体，主要是由惰性组分 B 和少量未被吸收的吸收质 A 组成。

由此可见，用吸收操作来进行气体混合物的分离时必须解决以下几方面的问题：①选择合适的溶剂；②提供气液接触的场所（传质设备）；③溶剂的再生。故一个完整的吸收分离过程，一般包括吸收和解吸两个组成部分（直接将吸收液作为产品的例外），吸收只是把溶质从混合气体中分出来，在塔底得到的仍是由溶剂和溶质组成的混合液，还需进行解吸才能得到纯溶质并回收溶剂，如图 6-3 所示。

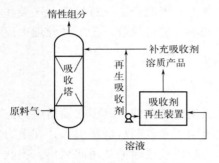

图 6-3 带有吸收剂回收装置

三、吸收操作的分类

根据吸收过程的特点，吸收操作可分为以下几类。

（1）按吸收过程中被吸收组分的数目分为单组分吸收和多组分吸收　若混合气体中只有一个组分进入液相，其余组分皆可认为不溶解于吸收剂，这样的吸收过程称为单组分吸收；如果混合气中有两个或更多个组分进入液相，则称多组分吸收。如用水吸收合成氨气中的 CO_2，属于单组分吸收，用洗油回收焦炉煤气中的粗苯属于多组分吸收。

（2）按吸收过程中有无显著的热效应分为等温吸收和非等温吸收　气体溶解于液体之中，常伴随着热效应，当发生化学反应时，还会有反应热，其结果是使液相温度逐渐升高，这样的过程称为非等温吸收；但若热效应很小，或被吸收的组分在气相中浓度很低而吸收剂的用量相对很大时，温度升高并不显著，可认为是等温吸收。

（3）按吸收过程中有无显著的化学反应分为物理吸收和化学吸收　在吸收过程中，若吸收剂与吸收质之间不发生显著的化学反应，可以当作单纯的气体溶解于液体的物理过程，则称为物理吸收；若吸收剂与吸收质之间发生显著的化学反应，则称为化学吸收。

（4）按混合气中溶质浓度的高低分为低浓度吸收和高浓度吸收　多数工业吸收操作是将气体中少量溶质组分加以回收或除去，为确保吸收质的高纯度分离，吸收剂的用量比较大，进塔混合气中吸收质浓度低，吸收液浓度也低。当进塔混合气中溶质浓度小于 10% 时，通常称为低浓度吸收；否则就是高浓度吸收。本项目只重点讨论低浓度、单组分、等温、物理吸收过程。

任务实施

工作任务单　了解气体吸收过程及其应用

姓名：	专业：	班级：	学号：	成绩：
步骤	内容			
任务描述	请以新入职员工的身份进入本任务的学习，通过任务学习，了解气体吸收过程及其应用。			
应知应会要点	（需学生提炼）			

续表

任务实施	1. 吸收分离的依据是什么？ 2. 工业生产中采用吸收操作的目的是什么？ 3. 查阅资料，吸收 - 解吸操作一般应用的工艺有哪些？

任务总结与评价

通过本次任务的学习，哪一部分内容给你印象深刻，为什么？

任务二
学习吸收基础知识

任务描述

请以新入职员工的身份进入本任务的学习，通过任务学习吸收质浓度的表示方法及换算方法、气液相平衡关系、相组成表示法、亨利定理，来解决一些生产问题。

应知应会

一、吸收中常用的相组成表示法

1. 比质量分数

混合物中两组分的质量之比，称为比质量分数，用 $\overline{X}$ 或 $\overline{Y}$ 表示。如果混合物中 A 组分的质量是 G_A，单位 kg，B 组分的质量是 G_B，单位 kg，则 A 组分对 B 组分的比质量分数为

$$\overline{X_A} = \frac{G_A}{G_B} \tag{6-1}$$

将 $G_A = G X_{WA}$，$G_B = G X_{WB}$ 代入上式，得

$$\overline{X_A} = \frac{X_{WA}}{X_{WB}} = \frac{X_{WA}}{1 - X_{WA}} \tag{6-2}$$

式中　G ——混合物的总质量，kg；

　　　X_{WA} ——组分 A 的质量分数；

　　　X_{WB} ——组分 B 的质量分数。

分离过程操作与设备

通常在吸收操作中，组分 A 是吸收质，组分 B 是吸收剂（或惰性气体）。

2. 比摩尔分数

混合物中两组分的物质的量之比，称为比摩尔分数，用符号 X（或 Y）表示。如果混合物中 A 组分的物质的量是 n_A，单位 kmol，B 组分的物质的量是 n_B，单位 kmol，则 A 组分对 B 组分的比摩尔分数为

$$X_A = \frac{n_A}{n_B} \tag{6-3}$$

将 $n_A = n x_A$，$n_B = n x_B$，代入上式，得

$$X_A = \frac{x_A}{x_B} = \frac{x_A}{1 - x_A} \tag{6-4}$$

如果混合物是双组分气体混合物，则 $\dfrac{y_A}{y_B} = \dfrac{p_A}{p_B}$，比摩尔分数为

$$Y_A = \frac{y_A}{y_B} = \frac{y_A}{1 - y_A} \tag{6-5}$$

或

$$Y_A = \frac{p_A}{p_B} = \frac{p_A}{p - p_A}$$

式中　y_A 和 y_B——组分 A 和 B 的摩尔分数；

　　　p_A 和 p_B——组分 A 和 B 的分压，Pa；

　　　p——混合气的总压，Pa。

3. 比质量分数和比摩尔分数的换算

设混合物的总质量是 G，单位为 kg，组分 A 和 B 的质量分数各是 X_{WA} 和 X_{WB}，分子量各是 M_A 和 M_B，物质的量各是 n_A 和 n_B，单位 kmol。因为

$$G_A = G X_{WA} \text{ 和 } G_B = G X_{WB}$$

而

$$n_A = \frac{G X_{WA}}{M_A} \text{ 和 } n_B = \frac{G X_{WB}}{M_B}$$

所以，A 对 B 的比摩尔分数为

$$X_A = \frac{n_A}{n_B} = \frac{\dfrac{X_{WA}}{M_A}}{\dfrac{X_{WB}}{M_B}} = \frac{X_{WA}}{X_{WB}} \times \frac{M_B}{M_A} = \overline{X_A} \frac{M_B}{M_A} \tag{6-6}$$

A 对 B 的比质量分数为

$$\overline{X_A} = X_A \frac{M_A}{M_B} = \frac{n_A M_A}{n_B M_B} \tag{6-7}$$

【例 6-1】　设原料气中含 CO_2 为 29%（体积），其余是 N_2、O_2 和 CO（都可看成是

惰性气体），经吸收后气体中含 CO_2 不超过 1%（体积分数）。试分别计算原料气和出塔气中 CO_2 的比摩尔分数。

解：(1) 原料气的比摩尔分数

因为 y_A=0.29，所以

$$Y_A = \frac{y_A}{y_B} = \frac{y_A}{1-y_A} = \frac{0.29}{1-0.29} = 0.408 \frac{\text{kmol } CO_2}{\text{kmol 惰性气}}$$

(2) 出塔气的比摩尔分数

因为 y_A=0.01，所以

$$Y_A = \frac{y_A}{y_B} = \frac{y_A}{1-y_A} = \frac{0.01}{1-0.01} = 0.0101 \frac{\text{kmol } CO_2}{\text{kmol 惰性气}}$$

【例 6-2】 设氨水的浓度是 25%（质量分数），求氨对水的比质量分数和比摩尔分数。

解：已知 X_{WA}=0.25，X_{WB}=1−0.25=0.75，M_A=17，M_B=18

比质量分数：$\overline{X_A} = \frac{0.25}{0.75} = 0.333 \frac{\text{kg } NH_3}{\text{kg } H_2O}$

比摩尔分数：$X_A = \overline{X_A}\frac{M_B}{M_A} = 0.333 \times \frac{18}{17} = 0.353 \frac{\text{kmol } NH_3}{\text{kmol } H_2O}$

在吸收过程中，气相与液相的总量均随吸收进行而改变，但常可认为惰性气体不溶于液相，因而在吸收塔的任一截面上惰性气体和溶剂的摩尔流量均不发生变化，以惰性气体和溶剂的量为基准，采用上述相组成表示法，分别表示溶质在气液两相的浓度，则可简化吸收计算。

二、相平衡关系

1. 气体在液体中的溶解度

在一定的温度和压力下，使一定量的吸收剂与混合气体接触，气相中的溶质便会向液相转移，而溶于液相中的溶质又会从液相中返回气相。当单位时间内溶于液相中的溶质量与从液相中返回气相的溶质量相等时，达到了动态平衡，吸收质在液相中的浓度称为平衡浓度或饱和浓度，亦称平衡溶解度。它表示在一定的温度和压力下，气液相达平衡时，一定量吸收剂所能溶解的吸收质的最大数量。它是吸收过程的极限。

溶解度常用在一定温度和气体平衡分压下，单位质量溶剂中吸收质的质量表示，可以由实验测定，也可以从有关手册中查到。

由图 6-4～图 6-6 可知，相同的温度和分压条件下，不同种类气体在同一溶剂中的溶解度是不同的。而溶解度的差异正是吸收分离气体混合物的基本依据。此外，气体的溶解度与温度和压

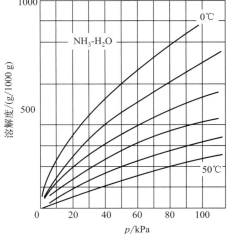

图 6-4 氨在水中的溶解度

力有关。通常气体的溶解度随温度的升高而减小,随压力的升高而增大。但当吸收系统的压力不超过 506.5kPa 的情况下,气体的溶解度可看作与气相的总压力无关,而仅随温度的升高而减小。

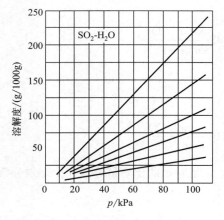

图 6-5　二氧化硫在水中的溶解度

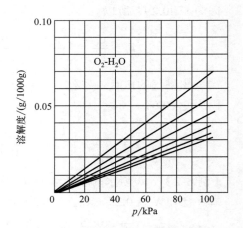

图 6-6　氧在水中的溶解度

根据气体溶解度的大小,可将气体分为三类:易溶气体,如氨气;中等溶解度气体,如二氧化硫;难溶气体,如氧气等。(均指在水中的溶解)

由此可见,降低温度,提高压力对吸收有利,反之对解吸有利。为此在吸收流程中,进塔液体管路上常常设置冷却器,以维持入塔吸收剂有较低的温度。

平衡状态下气相中溶质的分压称为平衡。气体溶解度的大小,可以根据平衡分压来判断。如温度为 10℃时,NH_3 与 SO_2 平衡分压数据为:

溶液浓度　　　200g NH_3/1000g 水　　　200g SO_2/1000g 水
平衡分压　　　≈100mmHg　　　　　　　≈980mmHg

上述数据表明,当温度及液相浓度相同时,氨的平衡分压比二氧化硫的平衡分压低,故氨比二氧化硫溶解度大。

不同气体用同一吸收剂吸收,所得溶液浓度相同时,易溶气体在溶液上方的平衡分压小,难溶气体在溶液上方的平衡分压大;欲得到一定浓度的溶液,易溶气体所需的分压低,而难溶气体所需的分压高。

2. 亨利定律

在吸收过程中,当气液两相间的传质达到平衡时,它们之间的关系称为气液相平衡关系。相平衡关系可用亨利定律来表示。亨利定律通常适用于稀溶液。即对于易溶气体,只在温度高、浓度低时适用,而对于难溶气体,则总压在 5MPa 以下,分压在 0.1MPa 以下,方才适用。

按照亨利定律,在一定温度下气液相达于平衡状态时,可溶气体在气相中的平衡分压 p_A^* 与该气体在液相中的摩尔分数 x 成正比,即稀溶液中气液相平衡关系是:

$$p_A^* = Ex \tag{6-8}$$

式中　p_A^*——溶质 A 在气相中的平衡分压,kPa;
　　　x——液相中溶质的摩尔分数;

E ——比例系数，称为亨利系数，kPa。

由上可知，在一定的气相平衡分压下，E 值小，液相中溶质的摩尔分数大，即溶质的溶解度大。故易溶气体的 E 值小，难溶气体的 E 值大。亨利系数 E 的值随物系变化而变化。对一定的物系，温度升高，E 值增大。

由于气相、液相组成有不同的表示方法，亨利定律还有下列不同表达式。

（1）

$$p^* = \frac{c_A}{H} \tag{6-9}$$

式中　c_A ——液相中溶质的物质的量浓度，kmol 溶质 /m³ 溶液；

　　　H ——溶解度系数，kmol 溶质 /（kPa·m³ 溶液）。

溶解度系数 H 可视为在一定温度下溶质气体分压为 1kPa 时液相的平衡浓度。故 H 值越大，则液相的平衡浓度就越大，即溶解度大。且 H 值随温度升高而减小。

（2）

$$y^* = mx \tag{6-10}$$

式中　y^* ——溶质在气相中的平衡摩尔分数；

　　　m ——相平衡常数，无因次。

由式（6-10）可知，在一定的气相平衡摩尔分数下，m 值小，液相中溶质的摩尔分数大，即溶质的溶解度大。故易溶气体的 m 值小，难溶气体的 m 值大。且 m 值随温度升高而增大。

（3）吸收中：

$$Y = \frac{\text{气相中溶质的物质的量}}{\text{气相中惰性气体的物质的量}} = \frac{y}{1-y} \tag{6-11}$$

$$X = \frac{\text{液相中溶质的物质的量}}{\text{液相中溶剂的物质的量}} = \frac{x}{1-x} \tag{6-12}$$

即

$$x = \frac{X}{1+X}, \qquad y = \frac{Y}{1+Y}$$

亨利定律各系数 H、E 及 m 三者的关系为

$$E = mp \approx \frac{\rho_s}{HM_s} \tag{6-13}$$

式中　m ——气液相平衡常数；

　　　E ——亨利系数，kPa；

　　　p ——总压，kPa；

　　　H ——溶解度系数，kmol 溶质 /(kPa·m³ 溶液)；

　　　ρ_s ——溶剂的密度，kg/m³；

　　　M_s ——溶剂的摩尔质量，kg/kmol。

【例 6-3】　总压为 101.32kPa、温度为 200℃，1000kg 水中溶解 15kgNH₃，此时溶液上方气相中 NH₃ 的平衡分压为 1.2kPa。试求此时的亨利系数 E、溶解度系数 H、相平衡常数 m。

解：NH_3 的摩尔质量为 17kg/kmol，溶液的量为 15kg NH_3 与 1000kg 水之和。故液相组成

$$x = \frac{n_A}{n} = \frac{n_A}{n_A + n_B} = \frac{15/17}{15/17 + 1000/18} = 0.01563$$

因此，亨利系数

$$E = \frac{p^*}{x} = \frac{1.2}{0.01563} = 76.8\text{kPa}$$

溶剂水的密度 $\rho_s = 1000\text{kg/m}^3$，摩尔质量 $M_s = 18\text{kg/kmol}$

溶解度系数

$$H \approx \frac{\rho_s}{EM_s} = \frac{1000}{76.8 \times 18} = 0.723\text{kmol}/\left(\text{m}^3 \cdot \text{kPa}\right)$$

相平衡常数

$$m = \frac{E}{P} = \frac{76.8}{101.325} = 0.758$$

【例 6-4】 在操作温度为 30℃，总压为 101.3kPa 的条件下，含 SO_2 的混合气与水接触，试求与 $y_{SO_2} = 0.1$ 的混合气呈平衡的液相中 SO_2 的平衡浓度 $c^*_{SO_2}$ 为多少。该浓度范围气液平衡关系符合亨利定律。

解：根据亨利定律

$$c^*_{SO_2} = Ep_{SO_2}$$

式中，p_{SO_2} 为气相中 SO_2 的实际分压。由道尔顿分压定律

$$p_{SO_2} = py_{SO_2} = 101.325 \times 0.1 = 10.1325\text{kPa}$$

查表知 30℃下 SO_2 的亨利系数 $E = 4.85 \times 10^3\text{kPa}$，换算为溶解度系数

$$H = \frac{1}{E} \times \frac{\rho_s}{M_s} = \frac{1000}{4.85 \times 10^3 \times 18.0} = 0.0115\text{mol}/(\text{m}^3 \cdot \text{Pa})$$

所以

$$c^*_{SO_2} = 10.1325 \times 0.0115 = 0.116\text{kmol}/\text{m}^3$$

3. 相平衡关系式

$$Y^* = \frac{mX}{1 + (1-m)X} \tag{6-14}$$

式中 Y^*——平衡时气相中溶质的摩尔比；

       X——液相中溶质的摩尔比。

对于稀溶液，式（6-14）可以简化为：

$$Y^* = mX$$

将式（6-14）标绘于 Y-X 的直角坐标系中，即得到吸收过程的相平衡线，即吸收平衡线，如图 6-7 所示。根据相平衡线，我们可以判定吸收过程进行的程度和方向。

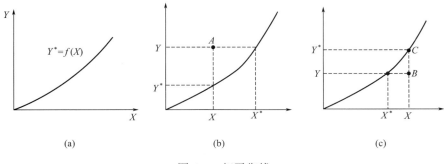

图 6-7 相平衡线

见图 6-7（b），A 点位于平衡线上方区域，在该区域内，$Y>Y^*, X^*>X$，属于吸收过程。

见图 6-7（c），B 点位于平衡线下方区域，在该区域内，$Y^*>Y, X>X^*$，属于解吸过程。

见图 6-7（c），C 点位于平衡线上，此时 $Y^*=Y, X=X^*$，过程处于平衡状态。

我们知道，任何一个过程的速率都与其推动力成正比，所以，吸收推动力可以反映吸收过程进行的快慢，推动力可以用 $(Y-Y^*)$ 或 (X^*-X) 来表示。其值越大，表明吸收过程的推动力越大，则吸收的速率就越快。

任务实施

工作任务单　学习吸收基础知识

姓名：	专业：	班级：	学号：	成绩：
步骤	内容			
任务描述	请以新入职员工的身份进入本任务的学习，学习吸收质浓度的表示方法及换算方法、气液相平衡关系、相组成表示法、亨利定理，并可以解决一些生产问题。			
应知应会要点	（需学生提炼）			

续表

	加压法制稀硝酸的生产工艺流程 　　在这个生产流程中用到了气体吸收的方法。气体的氮氧化物首先依次经过三个换热器，冷却后先进入第一吸收塔，再进入第二吸收塔。在这个吸收过程中，目的是要把氮氧化物中的二氧化氮（NO_2）分离出来。从图中可以看出，在吸收塔中是用水作为吸收剂的，水从塔顶喷淋下来，在吸收塔内与氮氧化物混合气逆流接触，混合气中的二氧化氮（NO_2）溶于水中，溶解了二氧化氮（NO_2）的水溶液就是产品稀硝酸。这个流程采用了两个塔串联的方式完成吸收过程，其目的是提高二氧化氮（NO_2）的吸收率。这是一个利用吸收方法生产化工产品的实例。 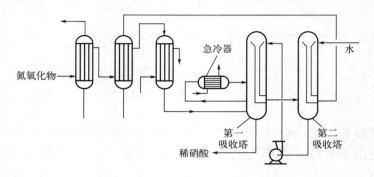
任务实施	问题1：氮氧化物混合气在进入吸收塔之前，为什么要经过换热器进行冷却？ 问题2：在这种生产稀硝酸的方法中，为什么采用了加压操作？

任务总结与评价
通过本次任务的学习，哪一部分内容给你印象深刻，为什么？

项目评价

项目综合评价表

姓名		学号		班级	
组别		组长及成员			

项目成绩：		总成绩：	
任务	任务一		任务二
成绩			

自我评价

维度	自我评价内容	评分（1～10分）
知识	了解吸收操作在化工生产中的重要应用、吸收装置的结构和特点	
	熟悉溶解相平衡关系，分析吸收操作，判断过程进行的方向、限度和难易程度	
	掌握吸收的基本概念、基本理论，提高吸收速率的方法，适宜操作条件的选择，会进行吸收的物料衡算和吸收剂用量的计算	
能力	运用双膜原理、亨利定律去分析和解决工业常见的吸收过程有关问题	
	根据吸收与解吸过程中常用设备的结构、性能，会根据任务进行相关设备的选型	
	能正确查阅和使用与吸收相关的资料、手册和计算图表	
	根据生产的吸收任务确定吸收剂的用量，计算填料层高度	
素质	树立安全环保意识，培养理论联系实际的思维方式、严谨治学的科学态度	
	培养遵守操作规程、认真细致的工作态度	
我的反思	我的收获	
	我遇到的问题	
	我最感兴趣的部分	
	其他	

项目拓展

化学吸收

化学吸收是指利用化学反应来帮助进行吸收。一般气体在溶剂中的溶解度不高。利用适当的化学反应，可大幅度地提高溶剂对气体的吸收能力。例如，二氧化碳在水中的溶解度甚低，但若以碳酸钾水溶液吸收二氧化碳时，则在液相中发生碳酸钾、二氧化碳和水生成碳酸氢钾的化合反应从而使碳酸钾水溶液具有较高的吸收二氧化碳的能力。同时，化学反应本身的高度选择性必定赋予吸收操作以高度选择性。可见，利用化学反应大大扩展了吸收操作的应用范围，此种利用化学反应而实现吸收的操作称为化学吸收。

化学吸收具有以下特点：

化学反应提高了吸收的选择性；

加快吸收速率，从而减少设备容积；

反应增加了溶质在液相中的溶解度，减少吸收剂的用量；

反应降低了溶质在气相中的平衡分压，可较彻底除去气相中很少量的有害气体。

在化学吸收中，液相中的组分 A 包括两部分：溶解状态（即未反应掉）的 A 和反应产物中包含的 A。组分的气相分压 p_A 仅与液相中处于溶解状态的 A 之间建立物理相平衡。溶解态的 A 只是液相中的总 A 浓度的一部分，因此，对同一气相分压 p_A 而言，化学反应的存在，增大了液相中溶质 A 的溶解度。

项目七　吸收过程的基本原理

学习目标

知识目标
1. 掌握吸收过程的原理。
2. 掌握提高吸收速率的方法。
3. 理解溶解相平衡。
4. 了解传质方式。

能力目标
1. 能够分析和判断吸收过程进行的方向、限度和难易程度。
2. 能够根据不同的控制过程选择适宜的吸收操作条件。

素养目标
1. 培养学生分析问题、解决问题的能力。
2. 理解科学技术与社会的相互作用，形成科学的价值观。
3. 培养学生的团队合作精神。

项目导言

吸收过程进行的方向与限度取决于溶质在气液两相中的平衡关系。当气相中溶质的实际分压高于与液相成平衡的溶质分压时，溶质便由气相向液相转移，即发生吸收过程。反之，如果气相中溶质的实际分压低于与液相成平衡的溶质分压时，溶质便由液相向气相转移，即发生吸收的逆过程，这种过程称为脱吸（或解吸）。脱吸与吸收的原理相同，所以，对于脱吸过程的处理方法也完全可以对照吸收过程考虑。

随着膜分离技术的迅速发展，该技术已成为重要的化工操作单元。在 20 世纪 70 年代出现的膜基气体吸收就是在气、液相间置以疏水膜，则气、液两相界面固定在疏水膜孔的液体侧，当气体侧的压力大于液体侧，气体中的组分通过该相界面进入吸收液，而液相不能透过膜孔。这样既可防止液体透过膜孔进入气相，又防止气体通过液体进行鼓泡。膜基气体吸收（解吸）可替代绝大多数气体吸收（解吸），目前主要应用于生物医学、生物化工等领域。

本项目学习的基本内容是介绍低组成单组分等温物理吸收过程，其中包括吸收的速率方程以及吸收传质机理。

主要任务内容有：
① 了解吸收的速率方程；
② 了解吸收传质机理。

分离过程操作与设备

任务一
了解吸收传质机理

任务描述

请以新入职员工的身份进入本任务的学习，了解吸收的传质方式和机理，知晓双膜理论。

应知应会

一、传质的基本方式

吸收操作是吸收质从气相转移到液相的传质过程，其中包括吸收质由气相主体向气液相界面的传递，及由相界面向液相主体的传递。因此，讨论吸收过程的机理，首先说明物质在单相（气相或液相）中的传递规律。

（1）流体中的分子扩散　分子扩散是物质在一相内部有浓度差异的条件下，由流体分子的无规则热运动而引起的物质传递现象。习惯上常把分子扩散称为扩散。这种扩散发生在静止流体或滞流流体中相邻流体层间。如向静止的水中滴一滴蓝墨水，一会儿水就变成了均匀的蓝色，这是由于墨水中有色物质的分子扩散到水中的结果。分子扩散速率主要取决于扩散物质和静止流体的温度及其他某些物理性质。

（2）涡流扩散　当物质在湍流流体中扩散时，主要是依靠流体质点的无规则运动。由于流体质点在湍流中产生漩涡，引起各部分流体间的剧烈混合，在有浓度差存在的条件下，物质便朝其浓度降低的方向进行扩散。这种凭借流体质点的湍动和漩涡来传递物质的现象，称为涡流扩散。而涡流扩散速率通常比分子扩散速率快，主要取决于流体的流动形态，如滴一滴蓝墨水于水中，同时加以强烈的机械搅拌，可以看到水变蓝的速度比不搅拌时快得多。

实际上，流体中的物质传递往往是两种方式的综合贡献，因为在涡流扩散时，分子扩散是不能避免的。因此常常合在一起讨论，并称为对流扩散。对流扩散时，扩散物质不仅依靠本身的分子扩散作用，更主要的是还依靠湍流流体的涡流扩散作用。

二、吸收过程的机理

上述内容讲明了在单相内进行的单相传质方式，分析了在单相流体内部的传质问题，这为研究整个两相间的传质过程机理奠定了基础。

研究传质机理的目的，在于对传质过程的物理机制作恰当描述，进而建立正确表达影响过程速率的各主要因素间的定量关系，以便指导实际传质操作过程及设备的设计、改进和强化。

对于吸收操作这样的相际传质过程的机理，惠特曼（W.G.Whitman）在20世纪20年代提出的双膜理论（停滞膜模型）一直占有重要地位。

（1）在气液两流体相接触处，有一稳定的分界面，叫相界面。在相界面的两侧附近各有一层稳定的气膜与液膜。这两层薄膜可以认为是由气、液两流体的滞流层所组成。

吸收质是以分子扩散方式通过这两个膜层的。膜的厚度随液体的流速而变,流速愈大膜层厚度愈小。

（2）在两膜层以外的气、液两相分别称为气相主体与液相主体。在气、液两相的主体中,由于流体的充分湍动,吸收质的浓度基本上是均匀的,即两相主体内浓度梯度皆为零,全部浓度变化集中在这两个膜层中,即阻力集中在两膜层之中。

（3）无论气、液两相主体中吸收质的浓度是否达到相平衡,相界面处吸收质在气、液两相中的浓度已达到平衡。即认为界面上没有阻力。

通过以上假设,就把整个吸收这个相际传质的复杂过程,简化为吸收质只是经由气、液两膜层的分子扩散过程。因而两膜层的阻力也就成为吸收过程的两个基本阻力。在两相主体浓度一定的情况下,两膜层的阻力便决定了传质速率大小。因此,双膜理论也可称为双阻力理论。

双膜理论的假想模型,如图 7-1 所示,图中横坐标表示扩散方向。左部纵坐标表示吸收质在气相中的浓度,以分压表示,p 表示气相主体中的分压,p_i 表示在相界面上与液相浓度成平衡的分压。右部纵坐标表示吸收质在液相中的浓度,以物质的量浓度表示,c 表示液相主体中的浓度,c_i 表示在相界面上与气相分压 p_i 成平衡的浓度。当气相主体中吸收质分压 p 高于界面上平衡分压 p_i 时,吸收质即通过气相主体以 $(p-p_i)$ 的分压差作为推动力克服气膜 Z_G 厚的阻力,从气相主体以分子扩散的方式通过气膜扩散到界面上来。界面上吸收质在液相中与 p 相平衡的浓度为 c_i,吸收质又以 (c_i-c) 的浓度差为推动力克服液膜 Z_L 厚的阻力,以分子扩散的方式穿过液膜,从界面扩散到液相主体中去,完成整个吸收过程。

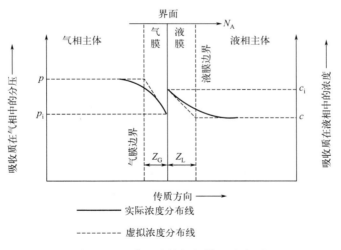

图 7-1 双膜理论的假想模型示意图

所以根据双膜理论,吸收质从气相转移到液相的过程为:吸收质从气相主体扩散（主要为涡流扩散）到气膜边界,在气膜内扩散（分子扩散）到界面,在界面上溶解,在液膜内扩散（分子扩散）到液膜边界,最后扩散（主要是涡流扩散）到液相主体中。通常把流体与界面间的物质传递称为对流扩散,于是,气体溶质从气相主体到液相主体,共经历了三个过程,即对流扩散、溶解和对流扩散。这非常类似于冷热两流体通过器壁进

分离过程操作与设备

行的换热过程。

任务实施

工作任务单　了解吸收传质机理

姓名：	专业：	班级：	学号：	成绩：
步骤	**内容**			
任务描述	请以新入职员工的身份进入本任务的学习，了解吸收的传质方式和机理，知晓双膜理论。			
应知应会要点	（需学生提炼）			
任务实施	请根据双膜理论，简要描述一下吸收质从气相到液相的传质过程。			

任务总结与评价

通过本次任务的学习，哪一部分内容使你印象深刻，为什么？

任务二
了解吸收的速率方程

任务描述

请以新入职员工的身份进入本任务的学习，了解吸收的速率方程，能够学会提高吸收速率的方法。

应知应会

一、吸收推动力

可以通过两种途径来增大吸收过程的推动力，即提高吸收质在气相中的分压或降低与液相平衡的气相分压。但是提高吸收质在气相中的分压与吸收目的不符，因此，要增

2-7-4

大吸收过程的推动力，最好的方法就是降低与液相平衡的气相分压，采取降低吸收温度、提高系统压力、选择溶解度大的吸收剂等措施。

二、吸收速率

要计算执行指定的吸收任务所需设备的尺寸，或核算混合气体通过指定设备所能达到的吸收程度，都需知道吸收速率。所谓吸收速率，即指单位相际传质面积上单位时间内吸收的溶质量。表明吸收速率与吸收推动力之间关系的数学式即为吸收速率方程式。

对于吸收过程的速率关系，也可赋予"速率＝推动力／阻力"的形式，其中的推动力自然是指浓度差，吸收阻力的倒数称为吸收系数。因此吸收速率关系又可写成"吸收速率＝吸收系数 × 推动力"的形式。由于吸收的推动力可以用各种不同形式的浓度差来表示，所以吸收速率方程也有很多形式，以下举几例说明。

气膜吸收速率方程为

$$N_A = k_Y (Y_A - Y_i) \tag{7-1}$$

式中，N_A 为吸收速率，mol/（m²·s）；k_Y 为气膜吸收分系数，mol/（m²·s）；Y_A 为气相主体吸收质的浓度；Y_i 为相界面处气相中吸收质的浓度。

液膜膜吸收速率方程为

$$N_A = k_X (X_i - X_A) \tag{7-2}$$

式中，k_X 为液膜吸收分系数，mol/（m²·s）；X_A 为液相主体吸收质的浓度；X_i 为相界面处液相中吸收质的浓度。

气相或液相的吸收总速率方程为

$$N_A = K_Y (Y_A - Y_i^*) \tag{7-3}$$

$$N_A = K_X (X_A^* - X_A) \tag{7-4}$$

$$N_A = K_G (p_A - p_i^*) \tag{7-5}$$

式中，K_Y 为以 $Y_A - Y^*$ 为推动力的气相总吸收系数，mol/（m²·s）；K_X 为以 （$X_A^* - X_A$）为推动力的液相总吸收系数，mol/（m²·s）；X_A^* 为与气相浓度 Y_A 成平衡的液相的浓度；K_G 为气相总吸收系数，mol/（m²·s·Pa）。

膜速率方程式中的推动力为主体浓度与界面浓度之差，如（$Y_A - Y_i$）和（$X_i - X_A$）等，而吸收总速率方程式中的推动力为气液两相主体的浓度和分压之差，如（$Y_A - Y_A^*$）、（$X_A^* - X_A$）和（$p_A - p_A^*$）等。

以上各式如果写成推动力除以阻力的形式，经推导可得吸收的总阻力表达式为

$$\frac{1}{K_Y} = \frac{1}{k_Y} + \frac{m}{k_X} \tag{7-6}$$

分离过程操作与设备

或
$$\frac{1}{K_X} = \frac{1}{mk_Y} + \frac{1}{k_x}$$
(7-7)

这表明，吸收过程的总阻力也等于各分过程阻力的叠加，与传热过程、导电过程颇为相似。

三、影响吸收速率的因素

影响吸收速率的因素主要是气液接触面积、吸收系数、吸收推动力。提高吸收速率的措施有：

（1）增大吸收系数　吸收阻力包括气膜阻力和液膜阻力。由于膜内阻力与膜的厚度成正比，因此加大气液两流体的相对运动速度，使流体内产生强烈的搅动，能减小膜的厚度，从而降低吸收阻力，增大吸收系数。对溶解度大的易溶气体，相平衡常数 m 很小。由式（7-6）简化可得 $K_Y \approx k_Y$，表明易溶气体的液膜阻力小，气膜阻力远大于液膜阻力，吸收过程的速率主要是受气膜阻力控制；反之，对于难溶气体，液膜阻力远大于气膜阻力，吸收阻力主要集中在液膜上，即吸收速率主要受液膜限阻力控制。表 7-1 中列举了一些吸收过程的控制因素。

表 7-1　一些吸收过程的控制因素

气膜控制	液膜控制	气膜和液膜同时控制
用氨水或水吸收氨气	用水或弱碱吸收二氧化碳	用水吸收二氧化硫
用水或稀盐酸吸收氯化氢	用水吸收氧气或氢气	用水吸收丙酮
用碱液吸收硫化氢	用水吸收氯气	用浓硫酸吸收二氧化氮

要提高液膜控制的吸收速率，关键在于加大液体流速和湍动程度，减少液膜厚度。如当气体鼓泡穿过液体时，气泡中湍动相对较少，而液体受到强烈的搅动，因此液膜厚度减小，可以降低液膜阻力，这适用于受液膜控制的吸收过程。

要提高气膜控制的吸收速率，关键在于降低气膜阻力，增加气体总压，加大气体流速，减少气膜厚度。如当液体分散成液滴与气体接触时，液滴内湍动相对较少，而液滴与气体作相对运动，气体受到搅动，气膜变薄，适用于受气膜控制的吸收过程。

由以上讨论可知，要想提高吸收速率，应该减小起控制作用的阻力，这与强化传热完全类似。

（2）增大吸收推动力　增大吸收推动力（$p-p^*$），可以通过两种途径来实现，即提高吸收质在气相中的分压 p，或降低与液相平衡的气相中吸收质的分压 p^*。然而提高吸收质在气相中的分压常与吸收的目的不符，因此应采取降低与液相平衡的气相中吸收质的分压的措施，即选择溶解度大的吸收剂、降低吸收温度、提高系统压力都能增大吸收的推动力。

（3）增大气液接触面积　增大气液接触面积的方法有：增大气体或液体的分散度、选用比表面积大的高效填料等。

模块二　吸收－解吸技术
项目七　吸收过程的基本原理

以上的讨论仅就影响吸收速率诸因素中的某一方面来考虑。由于影响因素之间还互相制约、互相影响，因此对具体问题要作综合分析，选择适宜条件。例如，降低温度可以增大推动力，但低温又会影响分子扩散速率，增大吸收阻力。又如将吸收剂喷洒成小液滴可增大气液接触面积，但液滴小，气液相对运动速度小，气膜和液膜厚度增大，也会增大吸收阻力。此外，在采取强化吸收措施时，应综合考虑技术的可行性及经济上的合理性。

任务实施

工作任务单　了解吸收的速率方程

姓名：	专业：	班级：	学号：	成绩：
步骤	内容			
任务描述	请以新入职员工的身份进入本任务的学习，了解吸收的速率方程，能够学会提高吸收速率的方法。			
应知应会要点	（需学生提炼）			
任务实施	1.查阅资料联系实际列举提高吸收速率的措施。 2.判断以下吸收过程的吸收阻力主要在气膜还是液膜。 （1）用水吸收氨气； （2）用浓硫酸吸收水； （3）用水吸收氮气； （4）用水吸收二氧化硫。			

任务总结与评价

通过本次任务的学习，哪一部分内容使你印象深刻，为什么？

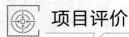 项目评价

项目综合评价表

姓名		学号		班级	
组别		组长及成员			

项目成绩：　　　　　　　　总成绩：

任务	任务一	任务二
成绩		

自我评价

维度	自我评价内容	评分（1～10分）
知识	掌握吸收过程的原理	
	掌握提高吸收速率的方法	
	理解溶解相平衡	
	了解传质方式	
能力	能够分析和判断过程进行的方向、限度和难易程度	
	能够根据不同的控制过程选择适宜的吸收操作条件	
素质	培养学生分析问题、解决问题的能力	
	理解科学技术与社会的相互作用，形成科学的价值观	
	培养学生团队合作精神	

我的反思	我的收获	
	我遇到的问题	
	我最感兴趣的部分	
	其他	

项目拓展

吸收法控制 VOCs

在我国，VOCs（volatile organic compounds，挥发性有机物）是指常温下饱和蒸气压大于 70.91Pa、标准大气压下沸点在 50～260℃以下且初馏点等于 250℃的有机化合物，或在常温常压下任何能挥发的有机固体或液体。室内空气中挥发性有机化合物浓度过高时很容易引起急性中毒，轻者会出现头痛、头晕、咳嗽、恶心、呕吐或呈酩酊状；重者会出现肝中毒甚至很快昏迷，有的还可能有生命危险。

VOCs 全过程解决方案的流程包括：VOCs 污染排放环节排查、VOCs 监测体系及总量估算、全过程 VOCs 治理方案编制（一厂一方案）、生产工艺源头控制措施、定制化末端 VOCs 治理技术方案、治理效果评估及减排量评估。其中，污染排放环节排查和全过程治理方案编制是工业企业 VOCs 整治的关键。通过现场排查储罐、装卸料、设备泄漏、工艺废气、无组织排放、废水收集和处理系统、冷却水、燃烧废气、事故排放等污染环节，开展 VOCs 从源头到末端的全过程梳理工作，全流程控制 VOCs 污染。

吸收法控制 VOCs 属于湿法工艺，是利用吸收液从气流中吸收 VOCs 的一种方法，常用于处理湿度大于 50% 的 VOCs 气流。吸收法最适于处理浓度范围为 1000～10000mg/m³ 的有机废气，对一些 VOCs 的处理效率可达 95%～98%。吸收法通常采用填料塔或喷淋塔进行吸收，吸收效果主要取决于设备的结构特征和吸收剂的吸收性能。

吸收法是利用 VOCs 的物理和化学性质，使用液体吸收剂与废气直接接触而将 VOCs 转移到吸收剂中。通常对 VOCs 的吸收为物理吸收，使用的吸收剂主要为柴油、煤油、水等。任何可溶解于吸附剂的有机物均可以从气相转移到液相中，然后对吸收液进行处理。吸收效果主要取决于吸收剂的性能和吸收设备的结构特征。吸收剂选取的原则是：对 VOCs 溶解度大、选择性强、蒸气压低、无毒、化学稳定性好等，吸收装置有喷淋塔、填充塔、各类洗涤器、气泡塔、筛板塔等。根据吸收效率、设备本身阻力以及操作难易程度来选择塔器种类，有时可选择多级联合吸收，此方法的不足之处在于吸收剂后处理投资大，对有机成分选择性大，易出现二次污染。

用于 VOCs 净化的吸收装置，多数为气液相反应器，一般要求气液有效接触面积大，气液湍流程度高，设备的压力损失小，易于操作和维修。工业上常用的气液吸收设备有喷洒塔、填料塔、板式塔、鼓泡塔等。其中喷洒塔、填料塔中，气相是连续相，而液相是分散相，其特点是相界面积大，所需液气比亦较大。在板式塔、鼓泡塔中，液相是连续相而气相是分散相。VOCs 吸收净化过程，通常污染物浓度相对较低、气体量大，因而选用气相为连续相、湍流程度较高、相界面大的塔器，如填料塔、湍球塔型较为合适。

扩展思考：查阅资料，学习吸附法在 VOCs 治理中的应用，并简要对比吸收法和吸附法在 VOCs 治理中区别。

项目八 低浓度气体吸收计算

学习目标

知识目标
1. 掌握吸收塔全塔物料衡算。
2. 掌握吸收剂用量计算。
3. 理解吸收操作线的变化规律。
4. 了解吸收塔塔径、塔高的计算方法。

能力目标
1. 能运用吸收操作线与相平衡线的关系对吸收过程进行分析。
2. 能够确定实际吸收剂用量。

素养目标
1. 培养学生分析问题、解决问题的能力。
2. 理解科学技术与社会的相互作用，形成科学的价值观。
3. 培养学生严谨的逻辑思维。

项目导言

　　工业上为使气、液充分接触以实现传质过程，既可采用板式塔，也可采用填料塔。板式塔内气液逐级接触，本书中对于精馏操作的分析和讨论主要是结合逐级接触方式进行的；填料塔内气液连续接触，本项目中对于吸收操作的分析和讨论将主要结合连续接触方式进行。

　　填料塔内充以某种特定形状的固体物质——填料，以构成填料层，填料层是塔内实现气、液接触的有效部位。填料层的空隙体积所占比例颇大，气体在填料间隙所形成的曲折通道中流过，提高了湍动程度；单位体积填料层内有大量的固体表面，液体分布于填料表面呈膜状流下，增大了气、液之间的接触面积。

　　填料塔内的气、液两相流动方式，原则上可为逆流也可为并流。一般情况下，塔内液体作为分散相，总是靠重力作用自上而下地流动；气体靠压力差的作用流经全塔，逆流时气体自塔底进入而自塔顶排出，并流时则相反。在对等的条件下，逆流方式可获得较大的平均推动力，因而能有效地提高过程速率。从另一方面讲，逆流时，降至塔底的液体恰与刚刚进塔的混合气体接触，有利于提高出塔吸收液的组成，从而减小吸收剂的耗用量；升至塔顶的气体恰与刚刚进塔的吸收剂相接触，有利于降低出塔气体的组成，从而提高溶质的吸收率。所以，吸收塔通常都采用逆流操作。

　　吸收塔的工艺计算，首先是在选定吸收剂的基础上确定吸收剂用量，继而计算塔的主要工艺尺寸,包括塔径和塔的有效段高度。塔的有效段高度,对填料塔是指填料层高度,对板式塔则是板间距与实际板层数的乘积。

本项目学习的基本内容是低组成单组分等温物理吸收过程,其中包括吸收塔的全塔物料衡算、吸收操作线方程、吸收剂用量的确定以及填料塔塔径塔高的计算。

主要任务内容有:
① 了解物料衡算及操作线方程;
② 了解吸收塔的设计型计算。

任务一
了解物料衡算及操作线方程

任务描述

请以新入职员工的身份进入该任务的学习,了解吸收塔全塔物料衡算及吸收操作线方程。

应知应会

相平衡关系描述的是气液两相接触传质的极限状态,而吸收操作时塔内气液两相的操作关系则需要通过物料衡算来分析,同时确定出塔溶液浓度、吸收剂用量以及塔截面传质推动力的变化情况。

一、全塔物料衡算

在工业生产中,吸收一般采用逆流连续操作,如图8-1所示。当进塔混合气中的浓度不高(小于3%)时,为低浓度气体吸收。在稳态操作下,对全塔作物料衡算,依据进塔的吸收质量等于出塔的吸收质量可得

$$VY_1 + LX_2 = VY_2 + LX_1 \tag{8-1}$$

式中 V——单位时间内通过吸收塔的惰性气体量,kmol/h;
L——单位时间内通过吸收塔的吸收剂量,kmol/h;
Y_1、Y_2——进塔及出塔气体的组成,kmol 吸收质 /kmol 惰性气体;
X_1、X_2——进塔及出塔液体的组成,kmol 吸收质 /kmol 吸收剂。

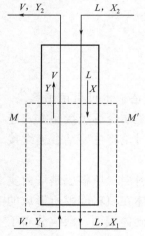

图 8-1 逆流吸收塔操作示意图

或依据混合气体中减少的吸收质量等于溶液中增加的吸收质量,可得

$$G_A = V(Y_1 - Y_2) = L(X_1 - X_2) \tag{8-2}$$

式中,G_A 为吸收塔的吸收负荷,反映了单位时间内吸收塔吸收溶质的能力。

一般情况下,进塔混合气的组成与流量是由吸收任务规定的,而吸收剂的初始组成和流量往往根据生产工艺要求确定,如果吸收任务又规定了吸收率(指经过吸收塔

被吸收的吸收质的量与进塔气体中吸收质的总量之比），则气体出塔时的组成 Y_2 为

$$Y_2 = Y_1(1-\varphi) \tag{8-3}$$

式中，φ 为吸收率。

【例 8-1】 用纯水吸收混合气体中的丙酮。如果混合气体中惰性气体量为 5kmol/h，组成为 Y_1=0.1，纯水进料为 50kmol/h，要求出塔气体不含丙酮，则塔底溶液的出口浓度为多少？

解：由题意知 X_2=0（纯水），Y_2=0（出塔气体不含丙酮）

$$V(Y_1 - Y_2) = L(X_1 - X_2)$$

$$5 \times (0.1-0) = 50(X_1 - 0)$$

$$X_1 = 0.01$$

则塔底溶液的出口浓度为 0.01kmol 丙酮/kmol 水。

二、吸收塔的操作线方程和操作线

参照图 8-2，取任一截面 M—M' 与塔底端面之间做吸收质的物料衡算。设截面 M—M' 上气、液两相浓度分别为 Y、X，则得

$$VY + LX_1 = VY_1 + LX \tag{8-4}$$

或

$$Y = \frac{L}{V}X + \left(Y_1 - \frac{L}{V}X_1\right) \tag{8-5}$$

式（8-5）称为逆流吸收塔的操作线方程。它表明塔内任一截面上气相浓度 Y 与液相浓度 X 之间的关系。在稳定连续吸收时，式中 Y_1、X_1、L/V 都是定值，所以式（8-5）是直线方程，直线的斜率为 L/V。

由式（8-2）知 $\dfrac{L}{V} = \dfrac{Y_1 - Y_2}{X_1 - X_2}$，将此关系代入式（8-5）得

$$\frac{Y_1 - Y}{X_1 - X} = \frac{Y_1 - Y_2}{X_1 - X_2} \tag{8-6}$$

由式（8-6）可知，操作线通过点 A（X_1、Y_1）和 B（X_2、Y_2）。将其标绘在 Y-X 坐标图中，图 8-2 上直线 AB 即为逆流吸收操作线方程。此操作线上任一点 C，代表着塔内相应截面上的气、液相浓度 Y、X 之间的对应关系；端点 A 代表塔底的气、液相浓度 Y_1、X_1 的对应关系；端点 B 则代表塔顶的气、液相浓度 Y_2、X_2 的对应关系。

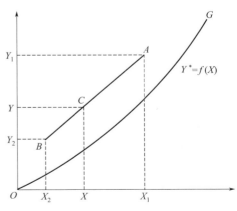

图 8-2 逆流吸收塔的操作线

在进行吸收操作时，在塔内任一横截面上，吸收质在气相中的分压总是要高于与其接触的液相平衡分压的，所以吸收操作线的位置

分离过程操作与设备

总是位于平衡线的上方。

任务实施

工作任务单　了解物料衡算及操作线方程

姓名：	专业：		班级：	学号：	成绩：
步骤	内容				
任务描述	请以新入职员工的身份进入本任务的学习，了解吸收塔全塔物料衡算及吸收操作线方程。				
应知应会要点	（需学生提炼）				
任务实施	1. 在填料塔，用纯水洗涤某混合气体，以除去其中的 SO_2。如果混合气体的组成 $Y_1=0.15$，惰性气体的流量为 10kmol/h，纯水进料量为 150kmol/h，尾气中无 SO_2。则溶液出口浓度为多少？ 2. 在某吸收塔中，某吸收剂的摩尔流量为 2kmol/s，惰性气体的摩尔流量为 5kmol/s。$X_1=0.004$，$Y_1=0.01$。写出吸收的操作线方程_____。其中截距为_____，斜率为_____。				

任务总结与评价

通过本次任务的学习，哪一部分内容使你印象深刻，为什么？

任务二
了解吸收塔的设计型计算

任务描述

请以新入职员工的身份进入本任务的学习，了解吸收塔的吸收剂用量计算、塔径塔高计算。

应知应会

一、吸收剂用量的确定

在吸收塔的计算中，需要处理的气体流量以及气相的初浓度和终浓度均由生产任务所规定。

2-8-4

吸收剂的入塔浓度则常由工艺条件决定或由设计者选定。但是吸收剂的用量尚有待于选择。

依式（8-5）可知，当 V、Y_1、Y_2 及 X_2 已知的情况下，吸收塔操作线的一个端点 B 已经固定，而另一端点 A 在 $Y=Y_1$ 的水平线上移动。而点 A 的横坐标 X_1 将取决于操作线的斜率 L/V，如图 8-3 所示。

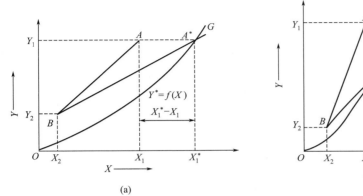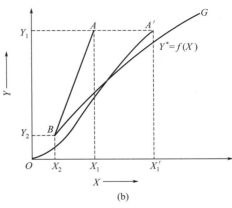

图 8-3　吸收塔的最小液气比

操作线的斜率 L/V，称为"液气比"，即在吸收操作中吸收剂与惰性气体摩尔流量的比值，亦称吸收剂的单位耗用量。

在此，V 值已由生产任务确定，若减少吸收剂用量 L，则操作线的斜率就要变小，图 8-3（a）中点 A 便沿 $Y=Y_1$ 向右移动，其结果则使出塔溶液浓度 X_1 增大，而吸收推动力（$X_1^*-X_1$）相应减小，以致使设备费用增大。若吸收剂用量减小到恰使点 A 移到水平线 $Y=Y_1$ 与平衡线 OG 的交点 A^* 时，则 $X=X_1^*$，即塔底流出的溶液组成与刚进塔的混合气体组成达到平衡，这也是理论上吸收所能达到的最高浓度。但此时的推动力为零。因而需要无限大的相际接触面积，即吸收塔需要无限高的填料层。显然这是一种极限状况，实际上是不能实现的。此种状况下吸收操作线 A^*B 的斜率称为最小液气比，以 $(L/V)_{min}$ 表示，相应的吸收剂用量称为最小吸收剂用量，以 L_{min} 表示。

反之，若增大吸收剂用量，则点 A 将沿水平线向左移动，使操作线远离平衡线，致使过程推动力增大。但超过一定限度后，则使吸收剂消耗量、输送及回收等项操作费用急剧增大。

由以上分析可见，吸收剂用量的不同，将从设备费与操作费两方面影响到生产过程的经济效果，因此应选择适宜的液气比，而使两种费用之和最小。根据生产实践经验认为，一般情况下取吸收剂用量为最小用量的 1.1～2.0 倍是比较适宜的，即

$$\frac{L}{V} = (1.1 \sim 2.0)\left(\frac{L}{V}\right)_{min} \qquad (8-7)$$

或

$$L = (1.1 \sim 2.0) L_{min} \qquad (8-8)$$

式中最小液气比可用图解法求取。如果平衡线符合图 8-3（a）所示的一般情况，则需找到水平线 $Y=Y_1$ 与平衡曲线的交点 A^*，从而读出 X_1^* 之值，然后用式（8-2）计算最小

分离过程操作与设备

液气比，即

$$\left(\frac{L}{V}\right)_{\min} = \frac{Y_1 - Y_2}{X_1^* - X_2} \tag{8-9}$$

或

$$L_{\min} = V\frac{Y_1 - Y_2}{X_1^* - X_2} \tag{8-10}$$

如果平衡曲线则应过点 B 作平衡曲线的切线，找到水平线 $Y=Y_1$ 与此切线的交点 A'，从而读出点 A' 的横坐标 X_1' 的数值，然后按下式计算最小液气比，即

$$\left(\frac{L}{V}\right)_{\min} = \frac{Y_1 - Y_2}{X_1' - X_2} \tag{8-11}$$

或

$$L_{\min} = V\frac{Y_1 - Y_2}{X_1' - X_2} \tag{8-12}$$

若平衡关系符合亨利定律，可用 $Y^*=mX$ 表示时，则可依下式算出最小液气比，即

$$\left(\frac{L}{V}\right)_{\min} = \frac{Y_1 - Y_2}{\dfrac{Y_1}{m} - X_2} \tag{8-13}$$

或

$$L_{\min} = V\frac{Y_1 - Y_2}{\dfrac{Y_1}{m} - X_2} \tag{8-14}$$

必须指出，为了保证填料表面能被液体充分润湿，还应考虑到单位塔面上单位时间内流下的液体量不得小于某一最低值。

【例 8-2】 在填料塔吸收混合气中的苯，已知混合气中苯的摩尔分数为 0.04，吸收率为 80%，平衡关系式为 $Y^*=0.126X$，混合气量为 1000kmol/h，油用量为最小用量的 1.5 倍，问油的用量为多少？

解： $Y_1 = \dfrac{y_1}{1-y_1} = \dfrac{0.04}{1-0.04} = 0.0417$ kmol苯 / kmol惰性气体

$Y_2 = Y_1(1-\varphi) = 0.0417 \times (1-0.8) = 0.00834$ kmol苯 / kmol惰性气体

$L_{\min} = V\dfrac{Y_1 - Y_2}{\dfrac{Y_1}{m} - X_2} = 1000 \times (1-0.04) \times \dfrac{0.0417 - 0.00834}{\dfrac{0.0417}{0.126} - 0} = 96.9$ kmol / h

$L = 1.5L_{\min} = 1.5 \times 96.9 = 145$ kmol/h

答： 油的用量为 145kmol/h。

二、填料层高度的确定

在填料塔内，气液两相接触是在湿润的填料表面上进行的，因此，填料的多少直接关系到传质面积的大小，完成指定的吸收任务必须有足够的填料高度。

1. 填料层高度的确定原则

填料层高度的确定原则是以达到指定的分离要求为依据的。分离要求通常有两种表达方式：一是以除去气体中的有害物为目的，一般直接规定吸收后气体中有害溶质的残余摩尔比 Y_2；二是以回收有价值物质为目的，通常规定溶质的吸收率。

对于指定的吸收分离任务，所需的填料层高度主要取决于气液两相在塔内的相对流向及返混程度、吸收剂的用量、吸收质在入塔吸收剂中的含量及其最高允许含量、吸收剂是否再循环等方面。

（1）两流体的流向　在吸收塔内，气液两相既可作逆流流动也可作并流流动。在两相进、出口组成相同的情况下，逆流时的平均推动力必大于并流，故就吸收过程本身而言逆流优于并流。但是，就吸收设备而言，逆流操作时流体的下流受到上升气体的作用力，这种曳力过大时会妨碍液体的顺利流下，因而限制了吸收塔所允许的液体流量和气体流量，这是逆流的缺点。

（2）吸收剂进口溶质含量及其最高允许含量　吸收剂进口溶质含量增加，吸收过程的推动力减小，所需的填料层高度增加。若选择的进口含量过低，则对吸收剂的再生提出过高的要求，使再生费用增加。此外，吸收剂的进口含量必须低于与塔顶出口气相浓度相平衡的液相含量才有可能达到规定的分离要求，即对于规定的分离要求，吸收剂进口含量在技术上存在一个上限，在经济上存在一个最适宜的数值。

（3）吸收剂用量　前已讲述。

（4）塔内返混　吸收塔内气液两相可因种种原因造成少量流体发生与主体方向相反的流动，这一现象称为返混。传质设备的任何形式的返混都将使传质推动力下降、效率降低或填料层高度增加。

（5）吸收剂是否再循环　当吸收剂再循环使用时，由于出塔液体的一部分返回塔顶与新鲜吸收剂相混，从而降低了吸收推动力，填料层高度加大。但当喷淋密度不足以保证填料的充分润湿时，必须采用吸收剂再循环。

2. 填料层高度的确定方法

填料层高度的确定方法有传质单元数法和等板高度法，现分别予以介绍。

（1）传质单元数法　由单元高度确定填料层高度时，是用填料体积除以塔截面积来计算的，因此，应首先确定填料塔塔径。

① 塔径的确定。填料塔的内径根据生产工艺上所要求的生产量及所选择空塔气速而定。

$$D = \sqrt{\frac{4q_v}{\pi u}} \tag{8-15}$$

式中，D 为塔内径，m；q_v 为操作条件下塔底混合气体的体积流量，m³/s；u 为空塔气速，m/s。

在填料吸收塔中，当气体的体积流量一定时，塔的内径大，则空塔气速小，传质系数低。减小塔径可使气体的流速增大，提高传质系数。

计算塔径的关键在于确定适宜的空塔气速，在填料塔内适宜的空塔气速必须不使塔内发生"液泛现象"。当气体流速较低时，气液两相几乎不互相干扰。但气速较大时，随着气速的增加，填料的持液量增加，液体下降时遇到的阻力也增加。当气速增大到一定值时，气流给予液体的摩擦阻力使液体不能顺畅流下，从而在填料层顶部或内部产生积液。这时塔内气液两相间由原来气相是连续相、液相是分散相变为液相是连续相、气相是分散相，气体便以泡状通过液体，填料失去作用，两相接触面积变为气泡的表面积，这种现象称为液泛。相应的气速称为液泛速度 u_{max}。液泛速度是空塔气速的上限，所以在实际生产中，所选空塔气速必须小于液泛速度，一般取 $u=(0.6 \sim 0.8)u_{max}$。液泛速度可以从关联图查取，也可用经验公式计算。

算出塔径后，还应按压力容器的公称直径标准进行圆整，详情可参见有关书籍。

② 传质单元数法计算填料层高度。传质单元数法又称传质速率模型法，该方法是依据传质速率方程来计算填料层高度的。填料层高度等于所需的填料体积除以填料塔的截面积。塔截面积已由塔径确定，填料层体积则取决于完成规定任务所需的总传质面积和每立方米所能提供的气液有效接触面积。总传质面积应等于塔的吸收负荷与塔内传质速率之比。计算塔的吸收负荷要依据物料衡算式，计算传质速率要依据吸收速率方程式，而吸收速率方程式中的推动力总是实际组成与某种平衡组成的差值，因此又要知道相平衡关系。所以填料层高度的计算将要涉及物料衡算、传质速率与相平衡这三种关系式的应用。经推导，传质单元数法计算填料层高度的通式为

填料层高度 = 传质单元高度 × 传质单元数

式中，传质单元高度反映了吸收设备效能的高低，其大小是由过程的条件所决定的，即与设备的型式、设备的操作条件及物系性质有关。吸收过程的传质阻力越大，填料层有效比表面积越小，则每个传质单元所相当的填料层高度就越大。选用高效填料及适宜的操作条件可使传质单元高度减小。常用吸收设备的传质单元高度为 0.15 ~ 1.5m。

传质单元数反映了吸收任务的难易程度，其大小只与物系的相平衡关系及分离任务有关，而与设备的型式、操作条件（如流速）等无关。生产任务所要求的气体组成变化越大、吸收过程的平均推动力越小，则吸收过程的难度越大，所需的传质单元数也就越多。

传质单元数的计算有三种方法：解析法、对数平均推动力法和图解法。

（2）等板高度法 等板高度法又称理论级模型法，是依据理论级的概念来计算填料层高度的，即

填料层高度 = 等板高度 × 理论板层数

等板高度是指分离效果与一个理论级（或一层理论板）的作用相当的填料层高度。等板高度与分离物系的物性、操作条件及填料的结构参数有关，一般由实验测定或由经验公式计算。理论板层数可采用直角梯级图解法，在吸收操作线与平衡线之间画梯级，达到生产规定的要求时，所画的梯级总数即是所需的理论板数。

设填料层由 N 级组成，吸收剂从塔顶进入第 1 级，逐级向下流动，最后从塔底第 N 级流出；原料气则从塔底进入第 N 级，逐级向上流动，最后从塔顶第 1 级排出。在每一级上，气液两相密切接触，溶质组分由气相向液相转移。若离开某一级时，气液两相达到相平衡，则称该级为一个理论级，或称为一层理论板。

一个分离任务所需理论板数的多少，反映了这个分离过程的难易程度，所需理论板数越多，表示分离的难度越大。

3. 填料层高度的计算

仅以平均推动力法说明填料层高度的计算过程。

对于相平衡线近似为一直线（ $Y^*=mX+b$ ）的物系，可采用平均推动力法计算填料层

模块二　吸收－解吸技术
项目八　低浓度气体吸收计算

高度。当用气相组成表示时，此法计算填料层高度的计算为

$$Z = \frac{V(Y_1 - Y_2)}{\frac{\pi}{4}D^2 a K_Y \Delta Y_m} \qquad (8\text{-}16)$$

$$\Delta Y_m = \frac{\Delta Y_1 - \Delta Y_2}{\ln\dfrac{\Delta Y_1}{\Delta Y_2}} \qquad (8\text{-}17)$$

式中，a 为单位体积填料层所提供的有效吸收面积，m^2/m^3。

当 $0.5 \leqslant \dfrac{\Delta Y_1}{\Delta Y_2} \leqslant 2$ 时，平均推动力可以用算术平均值代替。

任务实施

工作任务单　了解吸收塔的设计型计算

姓名：	专业：		班级：		学号：		成绩：	
步骤	内容							
任务描述	请以新入职员工的身份进入本任务的学习，了解吸收塔的吸收剂用量计算、塔径塔高计算。							
应知应会要点	（需学生提炼）							
任务实施	1. 在逆流吸收塔中，用清水吸收混合气中溶质组分，其液气比 L/V 为 2.7，平衡关系可表示为 $Y^* = 1.5X$（Y，X 为气、液相组成），溶质的回收率为 90%，则液气比与最小液气比之比为：_____ 2. 在常压逆流操作的填料吸收塔中用清水吸收空气中某溶质 A，进塔气体中溶质 A 的含量为 8%（体积），吸收率为 98%，操作条件下的平衡关系为 $Y^* = 2.5X$，取吸收剂用量为最小用量的 1.2 倍，试求：水溶液的出塔浓度。							

任务总结与评价

通过本次任务的学习，哪一部分内容使你印象深刻，为什么？

项目评价

项目综合评价表

姓名		学号		班级	
组别		组长及成员			
项目成绩：			总成绩：		
任务	任务一		任务二		
成绩					

自我评价

维度	自我评价内容	评分（1～10分）
知识	掌握吸收塔全塔物料衡算	
	掌握吸收剂用量计算	
	理解吸收操作线的变化规律	
	了解吸收塔塔径塔高的计算方法	
能力	能运用吸收操作线与相平衡线的关系对吸收过程进行分析	
	能够确定实际吸收剂用量	
素质	培养学生分析问题、解决问题的能力	
	理解科学技术与社会的相互作用，形成科学的价值观	
	培养学生严谨的逻辑思维	

我的反思	我的收获	
	我遇到的问题	
	我最感兴趣的部分	
	其他	

项目拓展

有趣的生活小实验

气体吸收实质上就是让混合气中的某一种气体溶解在特定的溶液中，从而达到分离的目的，在生活中我们可以看到这样一些现象。

香槟酒俗称泡泡酒，当香槟酒瓶或汽水罐被打开时，我们看到在酒杯中有许多气泡，汽水罐口会有气体喷出。为什么有气泡或者气体喷出呢？我们来看下面的一段说明。

在香槟酒和汽水中溶解了许多二氧化碳气体，由于在封闭的香槟酒瓶或汽水罐里有比较高的气压，使得大量的二氧化碳气体因为高压而溶解在饮料里。当香槟酒瓶或汽水罐被打开时，气压骤减，过度饱和溶解的二氧化碳气体就以气泡的形式被释放出来。

另外你还可以试着做这样一个实验，把汽水罐放入热水中，这时你会发现汽水罐中会冒出更多的气泡。这说明温度对气体的溶解和释放也是有影响的。温度越高，气体越容易释放出来；温度越低，气体越容易溶解在液体中。这就是气体的溶解度与温度之间的关系：温度越低，溶解度越高；温度越高，溶解度越小。

扩展思考：1. 二氧化碳气体是在什么条件下溶解在香槟酒和汽水中的？
2. 二氧化碳气体又是在什么条件下被释放出来的？

项目九 传质设备——填料塔

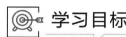 学习目标

知识目标
1. 了解填料塔的工作原理、结构、类型、优缺点。
2. 了解工业上常用的填料类型。

能力目标
1. 通过对填料塔结构及类型的学习,能够正确指出填料塔各部件的作用。
2. 通过了解填料塔中填料应用,能够说出各填料的应用场合。

素质目标
通过填料塔在工业上的应用,培养学生解决问题的能力。

项目导言

20世纪70年代以前,在大型塔器中,板式塔占有绝对优势,出现过许多新型塔板。70年代初能源危机的出现,突出了节能问题。随着石油化工的发展,填料塔日益受到人们的重视,此后的20多年间,填料塔技术有了长足的进步,涌现出不少高效填料与新型塔内件,特别是新型高效规整填料的不断开发与应用,打破了蒸馏设备以板式塔为主的局面,且大有取代板式塔的趋势。最大直径规整填料塔已达14～20m,结束了填料塔只适用于小直径塔的历史。纵观填料塔的发展,可以看出,直至20世纪80年代末,新型填料的研究始终十分活跃,尤其是新型规整填料不断涌现,所以当时有人说是规整填料的世界。但就其整体来说,塔填料结构的研究又始终是沿着两个方向进行的,即同步开发散装填料与规整填料。另一个研究方向是进行填料材质的更换,以适应不同工艺要求,提高塔内气液两相间的传质效果,以及对填料表面进行适当处理(包括在板片上碾压细纹或麻点,在板片上粘接石英砂,表面化学改性等),以改变液相在填料表面的润湿性。

在本项目中你将会学习:
① 填料塔设备的分类及工业应用;
② 填料塔的结构、填料的类型。

任务一
了解填料塔设备的分类及工业应用

任务描述
请以新入职员工的身份进入本任务的学习,在任务中学习填料塔设备的分类及工业应用。

应知应会
填料塔是以塔内的填料作为气液两相接触部件的传质设备。填料塔塔身一般为立式圆筒,底部装有填料支承板,填料以乱堆或整砌的方式放置在支承板上。填料的上方安装有填料压板,以防被上升气流吹动。液体从塔顶经液体分布器喷淋到填料上,并沿着填料表面流下。填料塔属于连续接触式气液传质设备,两相组分沿塔高连续变化,在正常操作状态下,气相为连续相,液相为分散相。填料塔的作用是为气液两相提供充分的接触面积,并为提高其湍流程度(主要是对气相)创造条件,以利于传质和传热。例如在应用到气体吸收时,液体由塔的上部通过分布器进

填料塔

入,沿填料表面下降。气体则由塔的下部通过填料空隙逆流而上,与液体密切接触而相互作用。

填料塔具有结构简单、压力降小等优点。在处理容易产生泡沫的物料以及用于真空操作时,有其独特的优越性。近年来,由于填料结构的改进,新型的高效、高负荷填料的开发,既提高了塔的通过能力和分离效率,又保持了压力降小及性能稳定的特点,因此填料塔已被推广到大型气液操作中,在许多场合下代替了传统的板式塔。

填料塔广泛应用于精馏和吸收,为气液两相提供充分的接触面积,使两相间的传热和传质过程能充分有效地进行。常见的可在塔设备中完成的化工单元操作有精馏、吸收、解吸、萃取及气体的洗涤、冷却、增湿、干燥等。对于多数情况,塔径小于800mm时,不宜采用板式塔,宜用填料塔。对于大塔径,对加压和常压操作过程,应优先选用板式塔;对减压操作过程,宜采用填料塔。易气泡的介质,如处理量不大时,以选用填料塔为宜。因为填料能使泡沫破裂,在板式塔中则易液泛。具有腐蚀性的介质,可选用填料塔。具有热敏性的介质,以防止热引起的分解和聚合,可选用压降较小的填料塔型。黏性较大的介质,可选用大尺寸填料。含有悬浮物的介质,应选用液流通道较大的塔型,以板式塔为宜,不宜选用填料塔。

填料塔的主要性能参数有温度、压力、塔板压降、容积、塔径、填料类型和材质、填料数量、填料段数等8个方面,见表9-1。

表9-1 填料塔的主要性能参数

序号	参数	符号	单位	定义
1	温度	T	℃	分设计温度与工作温度,设计温度 $T_设$:板式塔在正常情况下,设定的金属温度;工作温度 $T_{工作}$:正常工作情况下板式塔可能达到的最高温度; $T_设 \geq T_{工作}$,板式塔严禁超 $T_设$ 运行

模块二　吸收－解吸技术
项目九　传质设备——填料塔

续表

序号	参数	符号	单位	定义
2	压力	p	MPa	分设计压力与工作压力，设计压力$p_设$：设定板式塔的最高压力；工作压力$p_{工作}$：正常工作情况下板式塔可能达到的最高压力；$p_设 \geqslant p_{工作}$，板式塔严禁超$p_设$运行
3	塔板压降	Δp	MPa	气体通过塔板包括液层的阻力损失
4	容积	V	m³	与塔径和塔高有关，计算得出塔的容积
5	塔径	D	mm	塔径大小反映了塔的处理能力，塔内气液负荷越大，塔径就越大
6	填料数量	V	m³	塔内装的填料的体积
7	填料段数	n		是影响分馏效果的关键，一般根据分馏程度和回流量而定。分馏的精度愈高，需要的塔板数愈多，反之亦然
8	填料类型和材质			填料类型和材质

任务实施

工作任务单　了解填料塔设备的分类及工业应用

姓名：		专业：		班级：		学号：		成绩：	

步骤	内容
任务描述	请以新入职员工的身份进入本任务的学习，在任务中学习填料塔设备的分类及工业应用。
应知应会要点	（需学生提炼）
任务实施	1.通过学习，画出填料塔的气液接触示意图。 2.结合本节课内容，通过查阅资料，写出填料塔在工业上的应用，要求有具体工艺。

任务总结与评价

谈谈本次任务的收获。

2-9-3

任务二
认识填料塔的结构和填料的类型

任务描述
请以新入职员工的身份进入本任务的学习,在任务中需要认识填料塔的结构、填料的类型。

应知应会

一、填料塔的结构

填料塔主要部件有:筒体、填料和支承板及压板、液体分布器和再分布器、除沫器、裙座等。

二、常用的填料及其特点

填料的品种很多,填料可分为散装填料和规整填料两大类。最古老的填料是拉西环;在国内外被认为较理想的填料是鲍尔环、矩鞍填料和波纹填料等,已被推荐为我国今后推广使用的通用型填料。

1. 散装填料

该类填料为具有一定外形结构的颗粒体,散装填料的安装以乱堆为主。

(1)拉西环 拉西环(图 9-1)是最早出现的填料,是一个外径和高度相等的空心圆柱体,可用陶瓷、金属、塑料等材料制造。这种填料结构简单,易于制造,但在随机堆砌时易在外表面间形成积液池,使池内液体滞止,成为死区,影响其通过能力及传质效率。

(2)鲍尔环 鲍尔环(图 9-2)是目前工业上应用最为广泛的填料之一。它也是外径和高度相等的空心圆柱体,不同的是在圆柱侧壁上冲出上、下两层交错排列的矩形小窗,冲出的叶片一端连在环壁上,其余部分弯入环内,围聚于环心。鲍尔环一般用金属或塑料制造。装填入塔的鲍尔环,无论其方位如何,淋洒到填料上的液体,有的沿外壁流动,有的穿过小窗流向内壁,有的沿叶片流向中心。这样,液体分散度增大,填料内表面的利用率提高。弯向环心的叶片增大了气体的湍动程度,交错开窗缩小了相邻填料间的滞止死区,因此,鲍尔环的气液分布较拉西环均匀,两相接触面积增大。此外,鲍尔环在较宽的气速范围内,能保持一恒定的传质效率,特别适用于真空蒸馏。

图 9-1 拉西环

图 9-2 鲍尔环

（3）阶梯环　阶梯环（图9-3）可用金属、塑料、陶瓷制造，塑料阶梯环有两种结构：米字筋阶梯环和井字筋阶梯环。阶梯环的特点在于其一端具有锥形扩口。扩口的主要作用在于改善填料在塔内的堆砌状况。由于其形状不对称，使填料之间基本上为点接触，增大了相邻填料间的空隙，消除了产生积液池的条件。

（4）鞍环　鞍环（图9-4）填料用薄金属板冲压而成，其特点是既保存了鞍形填料的弧形结构，又具有鲍尔环的环形结构和内弯叶片的小窗，且填料的刚度比鲍尔环高。鞍环填料能保证全部表面的有效利用，并增加流体的湍动程度，具有良好的液体再分布性能。因此，它有通过能力大、压力降低、滞液量小、质量轻及填料层结构均匀等优点，特别适用于真空蒸馏。

图9-3　阶梯环

图9-4　鞍环

2. 规整填料

规整填料是由具有一定集合形状的元件，按均匀聚合图形排列，整齐堆砌，具有规整气液通道的填料。在规整填料中，由于结构的均匀、规则、对称性，规定了气液的通道，改善了沟流和壁流现象。与散装填料相比，在同等容积时可以提供更多的比表面积；而在相同比表面积时，填料的空隙率更大。故规整填料具有更大的通量、更小的压降、更高的传质传热效率。

（1）丝网波纹填料　丝网波纹填料（图9-5）由若干平行直立放置的波网片组成，网片的波纹方向与塔轴线成一定的倾斜角（一般为30°或45°），相邻网片的波纹倾斜方向相反。组装在一起的网片周围用带状丝圈箍住，构成一个圆柱形的填料盘。填料盘的直径略小于塔内径，填料装填入塔时，上、下两盘填料的网片方向互成90°。丝网波纹填料是用丝网制成的，它质地细薄、结构紧凑、组装规整，因而空隙率及比表面积均较大，而且丝网的细密网孔对液体有毛细管作用，少量液体即可在丝网表面形成均匀的液膜，因而填料的表面润湿率很高。

（2）板波纹填料　板波纹填料（图9-6）的单片是具有波纹的薄片，波纹的方向与水平成45°，波纹片上冲有直径0.4mm的小孔，开孔率约为12.6%。组片时单片竖直安放，并且相邻单片的波纹方向相互垂直交错，如此叠加组成圆盘或其分块。填料装入塔内时，上下填料盘的板片方位相互垂直。

图9-5　丝网波纹填料

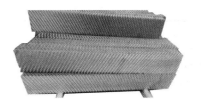

图9-6　板波纹填料

分离过程操作与设备

任务实施

工作任务单　认识填料塔的结构和填料的类型

姓名：	专业：	班级：	学号：	成绩：
步骤	内容			
任务描述	请以新入职员工的身份进入本任务的学习，在任务中认识填料塔的结构、填料的类型。			
应知应会要点	（需学生提炼）			
任务实施	1. 辨识填料塔的结构。 2. 列举不同填料的应用场合。			

任务总结与评价
谈谈本次任务的收获。

2-9-6

模块二　吸收－解吸技术
项目九　传质设备——填料塔

项目评价

项目综合评价表

姓名		学号		班级	
组别		组长及成员			

项目成绩：　　　　　　　　　　　　　　　　总成绩：

任务	任务一		任务二	
成绩				

自我评价

维度	自我评价内容	评分（1～10分）
知识	了解填料塔的工作原理、结构、类型、优缺点	
	了解工业上常用的填料类型	
能力	通过对填料塔结构及类型的学习，能够正确指出填料塔各部件的作用	
	通过了解填料塔中填料应用，能够说出各填料的应用场合	
素质	通过填料塔结构及类型的学习，培养学生的专业思想	
我的反思	我的收获		
	我遇到的问题		
	我最感兴趣的部分		
	其他		

项目拓展

工业无水乙醇的制备

无水乙醇是指质量分数大于 99% 的乙醇，因含水极微又称绝对乙醇。在电子、航天等工业领域有重要用途，在化妆品、制药及油脂浸出等方面也可作溶剂。国际上有些国家已将无水乙醇与汽油混合而成的汽油醇作为动力燃料。目前，我国无水乙醇的年需求量在 500 万 t 以上。乙醇的生产方法很多，主要分为发酵法和合成法。合成法是以煤炭、石油和天然气为原料，经高温裂解为乙烯，进而水合而成。目前国际上生产乙醇的方法主要是微生物发酵法，主要是因为原料可再生和石油价格的走高。然而发酵生成的乙醇浓度很低，必须经过提浓和精制才能得到高浓度乙醇。但是在常压下，由于乙醇与水形成恒沸物，恒沸组成含乙醇 95.57%（质量分数），因此通过普通精馏的方法无法得到无水乙醇。

1975 年清华大学化工系开发了萃取蒸馏制备无水乙醇的工艺方法，开启了萃取精馏之路。向乙醇水溶液中添加如氯化钙、乙酸钾、氯化铜、氯化钠等盐溶液，以改变平衡曲线，实现难分离物系向易分离物系的转化，降低分离成本。

20 世纪 80 年代以来，工业化制备无水乙醇的工艺技术发展更为迅速，目前应用于醇-水体系分离的膜分离技术主要有膜蒸馏、渗透汽化和蒸气渗透等。如采用吹气膜蒸馏分离异丙醇-水溶液，得到最大的异丙醇分离系数为 10～25。膜蒸馏工艺在含醇废水的处理中也有应用，采用 3 种不同材料的真空膜蒸馏处理 0.25%（质量分数）乙醇-水溶液。

制备无水乙醇的另一种典型工艺是分子筛吸附法，该方法是近 20 年来为进一步提高无水乙醇的浓度而发展起来的，目前工业上已规模化生产。鉴于分子筛对 H_2O、CO_2、NH_3 等高极性分子有很高的亲和力，特别是对水，在低分压、低浓度、高温等条件下仍有很高的吸附容量，一般来说，用于制备无水乙醇所使用分子筛的平均直径为 0.3nm。分子筛法生产无水乙醇的工艺流程见图 9-7。

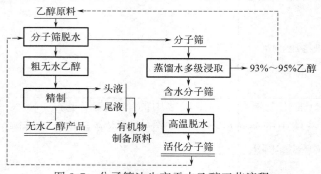

图 9-7　分子筛法生产无水乙醇工艺流程

在常压无法制取无水乙醇的情况下，通常采用共沸精馏法。该方法通过向乙醇-水中添加夹带剂进行精馏，常用的夹带剂有苯、正己烷、环己烷、戊烷、乙二醇、乙酸乙酯、三氯甲烷等，夹带剂与乙醇-水中的乙醇和水形成三元共沸物，可获得纯度很高的乙醇。以正己烷作夹带剂为例，当正己烷加入乙醇-水溶液后可形成四种共沸物，一方面乙醇-水-正己烷三者形成一个三元共沸物，另一方面它们两两之间又可形成三个二元共沸物。

思考：请查阅相关文献，学习无水乙醇的生产方法还有哪些，各有什么优缺点。

项目十　吸收－解吸单元操作仿真训练

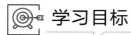 **学习目标**

知识目标
1. 理解吸收－解吸单元的工艺流程。
2. 掌握吸收－解吸单元操作中关键参数的调控要点。
3. 掌握吸收－解吸操作中典型故障的现象和产生原因，以及设备的维护与保养。

能力目标
1. 能根据开车操作规程，配合班组指令，进行吸收－解吸单元的开车操作。
2. 能根据停车操作规程，配合班组指令，进行吸收－解吸单元的停车操作。
3. 根据生产中关键参数的正常运行区间，能够及时判断参数的波动方向和波动程度。

素质目标
1. 在工作中具备较强的表达能力和沟通能力。
2. 遵守操作规程，具备严谨的工作态度。
3. 面对参数波动和生产故障时，具备沉着冷静的心理素质和敏锐的观察判断能力。
4. 在完成班组任务过程中，时刻牢记安全生产、清洁生产和经济生产。

项目导言

吸收－解吸是石油化工生产过程中较常用的单元操作过程，吸收过程是利用气体混合物中各个组分在液体中的溶解度不同，来分离气体混合物，被溶解的组分称为溶质或者吸收质，含有溶质的气体称为富气，被溶解的气体称为贫气或惰性气体。

溶解在吸收剂中的溶质和在气相中的溶质存在溶解平衡，当溶质在吸收剂中达到溶解平衡时，溶质在气相中的分压称为该组分在该吸收剂中的饱和蒸气压。当溶质在气相中的分压大于该组分的饱和蒸气压时，溶质就从气相溶入液相中，称为吸收过程。当溶质在气相中的分压小于该组分的饱和蒸气压时，溶质就从液相逸出到气相中，称为解吸过程。提高压力、降低温度有利于溶质吸收；降低压力、提高温度有利于溶质解吸，正是利用这一原理分离气体混合物，吸收剂可以重复使用。

本项目中学生将以操作人员身份进入"车间"，学习有关吸收－解吸单元的生产操作。主要任务包含：

① 吸收 - 解吸的开车操作；

② 吸收 - 解吸的停车操作；

③ 吸收 - 解吸的事故处理。

任务一
吸收 - 解吸的开车操作

任务描述

请以操作人员（外操岗位）的身份进入本任务的学习，在任务中按照操作规程，完成吸收 - 解吸的开车操作。

应知应会

一、工艺流程简介

该单元以 C_6 油为吸收剂，分离气体混合物（其中 C_4：25.13%，CO 和 CO_2：6.26%，N_2：64.58%，H_2：3.5%，O_2：0.53%）中的 C_4 组分（吸收质）。

如图 10-1 所示，从界区外来的富气从底部进入吸收塔 T-101。界区外来的纯 C_6 油吸收剂贮存于 C_6 油贮罐 D-101 中，由 C_6 油泵 P101A/B 送入吸收塔 T-101 的顶部，C_6 流量由 FRC103 控制。吸收剂 C_6 油在吸收塔 T-101 中自上而下与富气逆向接触，富气中 C_4 组分被溶解在 C_6 油中。不溶解的贫气自 T-101 顶部排出，经塔顶冷凝器 E-101 被 -4℃ 的

吸收 - 解吸
工艺介绍

盐水冷却至 2℃ 进入尾气分离罐 D-102。吸收了 C_4 组分的富油（C_4：8.2%，C_6：91.8%）从吸收塔底部排出，经贫富油换热器 E-103 预热至 80℃ 进入解吸塔 T-102。吸收塔塔釜液位由 LIC101 和 FIC104 通过调节塔釜富油采出量串级控制。

来自吸收塔顶部的贫气在气液分离罐 D-102 中回收冷凝的 C_4、C_6 后，不凝气在 D-102 压力控制器 PIC103（1.2MPa）控制下排入放空总管进入大气。回收的冷凝液（C_4、C_6）与吸收塔釜排出的富油一起进入解吸塔 T-102。预热后的富油进入解吸塔 T-102 进行解吸分离。塔顶气相出料（C_4：95%）经全冷器 E-104 换热降温至 40℃ 全部冷凝进入塔顶回流罐 D-103，其中一部分冷凝液由 P-102A/B 泵打回流至解吸塔顶部，回流量为 8.0t/h，由 FIC106 控制，其他部分作为 C_4 产品在液位控制（LIC105）下由 P～102A/B 泵抽出。塔釜 C_6 油在液位控制（LIC104）下，经贫富油换热器 E-103 和塔顶冷凝器 E-102 降温至 5℃ 返回至 C_6 油贮罐 D-101 再利用，返回温度由温度控制器 TIC103 通过调节 E-102 循环冷却水流量控制。T-102 塔釜温度由 TIC104 和 FIC108 通过调节塔釜再沸器 E-105 的蒸汽流量串级控制，温度控制在 102℃，塔顶压力由 PIC105 通过调节塔顶冷凝器 E-104 的冷却水流量控制，另有塔顶压力保护控制器 PIC104，在塔顶不凝气压力高时通过调节 D-103 放空量降压。因为塔顶 C_4 产品中含有部分 C_6 油及其他 C_6 油损失，所以随着生产的进行，要定期观察 C_6 油贮罐 D-101 的液位，补充新鲜 C_6 油。

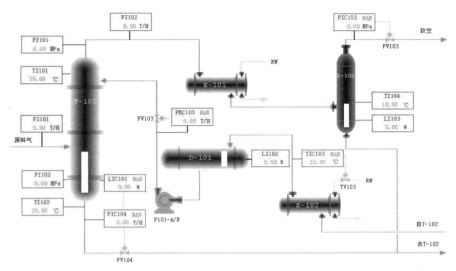

(a) 吸收系统DCS图

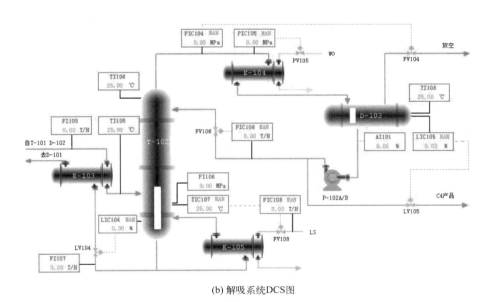

(b) 解吸系统DCS图

图 10-1　吸收-解吸单元的工艺流程图

二、控制方案

吸收-解吸单元复杂控制回路主要是串级回路的使用，在吸收塔、解吸塔和产品罐中使用了液位与流量串级回路。

串级回路是在简单调节系统基础上发展起来的。在结构上，串级回路调节系统有两个闭合回路。主、副调节器串联，主调节器的输出为副调节器的给定值，系统通过副调节器的输出操纵调节阀动作，实现对主参数的定值调节。所以在串级回路调节系统中，主回路是定值调节系统，副回路是随动系统。串级控制示意图见图 10-2。

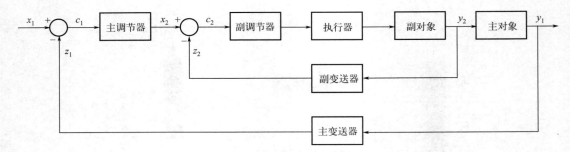

图 10-2 串级控制示意图

三、主要设备

T-101：吸收塔

D-101：C_6 油贮罐

D-102：气液分离罐

E-101：吸收塔顶冷凝器

E-102：循环油冷却器

P101A/B：C_6 油泵

T-102：解吸塔

D-103：解吸塔塔顶回流罐

E-103：贫富油换热器

E-104：解吸塔塔顶冷凝器

E-105：解吸塔塔釜再沸器

P102A/B：解吸塔塔顶回流、塔顶产品采出泵

四、主要工艺参数

吸收-解吸单元主要工艺参数见表 10-1。

表 10-1 吸收-解吸单元主要工艺参数

位号	说明	类型	正常值	工程单位
AI101	回流罐 C_4 组分	AI	＞95.0	%
FI101	T-101 进料	AI	5.0	t/h
FI102	T-101 塔顶气量	AI	3.8	t/h
FRC103	吸收油流量控制	PID	13.50	t/h
FIC104	富油流量控制	PID	14.70	t/h
FI105	T-102 进料	AI	14.70	t/h
FIC106	回流量控制	PID	8.0	t/h
FI107	T-101 塔底贫油采出	AI	13.41	t/h
FIC108	加热蒸汽量控制	PID	2.963	t/h

续表

位号	说明	类型	正常值	工程单位
LIC101	吸收塔液位控制	PID	50	%
LI102	D-101 液位	AI	60.0	%
LI103	D-102 液位	AI	50.0	%
LIC104	解吸塔塔釜液位控制	PID	50.0	%
LIC105	回流罐液位控制	PID	50.0	%
PI101	吸收塔塔顶压力显示	AI	1.22	MPa
PI102	吸收塔塔底压力显示	AI	1.25	MPa
PIC103	吸收塔顶压力控制	PID	1.2	MPa
PIC104	解吸塔顶压力控制	PID	0.55	MPa
PIC105	解吸塔顶压力控制	PID	0.50	MPa
PI106	解吸塔底压力显示	AI	0.53	MPa
TI101	吸收塔塔顶温度	AI	6	℃
TI102	吸收塔塔底温度	AI	40	℃
TIC103	循环油温度控制	PID	5.0	℃
TI104	C_4 回收罐温度显示	AI	2.0	℃
TI105	预热后温度显示	AI	80.0	℃
TI106	吸收塔塔顶温度显示	AI	6.0	℃
TIC107	解吸塔塔釜温度控制	PID	102.0	℃
TI108	回流罐温度显示	AI	40.0	℃

五、操作规程

本操作规程仅供参考，详细操作以评分系统为准。

装置的开工状态为吸收塔解吸塔系统均处于常温常压下，各调节阀处于手动关闭状态，各手操阀处于关闭状态，氮气置换已完毕，公用工程已具备条件，可以直接进行氮气充压。

1. 氮气充压

（1）确认所有手阀处于关闭状态。

（2）氮气充压

① 打开氮气充压阀，给吸收塔系统充压。

② 当吸收塔系统压力升至 1.0MPa（g）左右时，关闭 N_2 充压阀。

③ 打开氮气充压阀，给解吸塔系统充压。

④ 当解吸塔系统压力升至 0.5 MPa（g）左右时，关闭 N_2 充压阀。

2. 进吸收油

（1）确认

① 系统充压已结束。

② 所有手阀处于关闭状态。

（2）吸收塔系统进吸收油

① 打开引油阀 V9 至开度 50% 左右，给 C_6 油贮罐 D-101 充 C_6 油至液位 70%。

② 打开 C_6 油泵 P101A（或 B）的入口阀，启动 P101A（或 B）。

③ 打开 P101A（或 B）出口阀，手动打开 FV103 阀门开度至 30% 左右给吸收塔 T-101 充液至 50%。充油过程中注意观察 D-101 液位，必要时给 D-101 补充新油。

（3）解吸塔系统进吸收油

① 手动打开调节阀 FV104 开度至 50% 左右，给解吸塔 T-102 进吸收油至液位 50%。

② 给 T-102 进油时注意给 T-101 和 D-101 补充新油，以保证 D-101 和 T-101 的液位均不低于 50%。

3. C_6 油冷循环

（1）确认

① 贮罐、吸收塔、解吸塔液位控制在 50% 左右。

② 吸收塔系统与解吸塔系统保持合适压差。

（2）建立冷循环

① 手动逐渐打开调节阀 LV104，向 D-101 倒油。

② 当向 D-101 倒油时，同时逐渐调整 FV104，以保持 T-102 液位在 50% 左右，将 LIC104 设定在 50% 设自动。

③ 由 T-101 至 T-102 油循环时，手动调节 FV103 以保持 T-101 液位在 50% 左右，将 LIC101 设定在 50% 投自动。

④ 手动调节 FV103，使 FRC103 保持在 13.50t/h，投自动，冷循环 10min。

4. 向 D-103 灌 C_4

打开 V21 向 D-103 灌 C_4 至液位为 40%。

5. C_6 油热循环

（1）确认

① 冷循环过程已经结束。

② D-103 液位已建立。

（2）T-102 再沸器投用

① 设定 TIC103 于 5℃，投自动。

② 手动打开 PV105 至 70%。

③ 手动控制 PIC105 于 0.5MPa，待回流稳定后再投自动。

④ 手动打开 FV108 至 50%，开始给 T-102 加热。

（3）建立 T-102 回流

① 随着 T-102 塔釜温度 TIC107 逐渐升高，C_6 油开始汽化，并在 E-104 中冷凝至回流罐 D-103。

② 当塔顶温度高于 50℃ 时，打开 P102A/B 泵的进出口阀 VI25/27、VI26/28，打开 FV106 的前后阀，手动打开 FV106 至合适开度，维持塔顶温度高于 51℃。

③ 当 TIC107 温度指示达到 102℃ 时，将 TIC107 设定在 102℃ 投自动，TIC107 和 FIC108 投串级。

④ 热循环 10min。

模块二　吸收－解吸技术

项目十　吸收－解吸单元操作仿真训练

6. 进富气

（1）确认 C_6 油热循环已经建立。

（2）进富气

① 逐渐打开富气进料阀 V1，开始富气进料。

② 随着 T-101 富气进料，塔压升高，手动调节 PIC103 使压力恒定在 1.2MPa（表）。当富气进料达到正常值后，设定 PIC103 于 1.2MPa（表），投自动。

③ 当吸收了 C_4 的富油进入解吸塔后，塔压将逐渐升高，手动调节 PIC105，维持 PIC105 在 0.5MPa（表），稳定后投自动。

④ 当 T-102 温度，压力控制稳定后，手动调节 FIC106 使回流量达到正常值 8.0t/h，投自动。

⑤ 观察 D-103 液位，液位高于 50% 时，打开 LIC105 的前后阀，手动调节 LIC105 维持液位在 50%，投自动。

⑥ 将所有操作指标逐渐调整到正常状态。

任务实施

工作任务单　吸收－解吸的开车操作

姓名：	专业：		班级：	学号：		成绩：
步骤	内容					
任务描述	请以操作人员（外操岗位）的身份进入本任务的学习，在任务中按照操作规程，完成吸收 - 解吸的开车操作。					
应知应会要点	（需学生提炼）					
任务实施	1. 学习吸收 - 解吸的启动操作步骤。 2.启动仿真软件，完成冷态开车工况，要求成绩在 85 分以上，在 30min 内完成。					

任务总结与评价

完成本次操作的操作任务卡。

分离过程操作与设备

作业项目名称			操作阶段（作业内容）		
操作日期	指令发布人	指令接收人	指令发布时间		指令完成时间

本次生产操作内容：

本次操作存在的问题和建议：

任务二
吸收－解吸的停车操作

任务描述

请以操作人员（外操岗位）的身份进入本任务的学习，在任务中按照操作规程，完成吸收－解吸的停车操作。

应知应会

1. 停富气进料

（1）关富气进料阀 V1，停富气进料。

（2）富气进料中断后，T-101 塔压会降低，手动调节 PIC103，维持 T-101 压力＞1.0MPa（表）。

（3）手动调节 PIC105 维持 T-102 塔压力在 0.20MPa（表）左右。

（4）维持 T-101 → T-102 → D-101 的 C_6 油循环。

2-10-8

模块二 吸收－解吸技术
项目十 吸收－解吸单元操作仿真训练

2．停吸收塔系统

（1）停 C_6 油进料

① 停 C_6 油泵 P101A/B。

② 关闭 P101A/B 进出口阀。

③ FRC103 置手动，关 FV103 前后阀。

④ 手动关 FV103 阀，停 T101 油进料。

此时应注意保持 T-101 的压力，压力低时可用 N_2 充压，否则 T-101 塔釜 C_6 油无法排出。

（2）吸收塔系统泄油

① LIC101 和 FIC104 置手动，FV104 开度保持 50%，向 T-102 泄油。

② 当 LIC101 液位降至 0% 时，关闭 FV108。

③ 打开 V7 阀，将 D-102 中的凝液排至 T-102 中。

④ 当 D-102 液位指示降至 0% 时，关 V7 阀。

⑤ 关 V4 阀，中断盐水，停 E-101。

⑥ 手动打开 PV103，吸收塔系统泄压至常压，关闭 PV103。

3．停解吸塔系统

（1）停 C_4 产品出料

富气进料中断后，将 LIC105 置手动，关阀 LV105 及其前后阀。

（2）T-102 塔降温

① TIC107 和 FIC108 置手动，关闭 E-105 蒸汽阀 FV108，停再沸器 E-105。

② 停止 T-102 加热的同时，手动关闭 PIC105 和 PIC104，保持解吸系统的压力。

（3）停 T-102 回流

① 再沸器停用，温度下降至泡点以下后，油不再汽化，当 D-103 液位 LIC105 指示小于 10% 时，停回流泵 P102A/B，关 P102A/B 的进出口阀。

② 手动关闭 FV106 及其前后阀，停 T-102 回流。

③ 打开 D-103 泄液阀 V19。

④ 当 D-103 液位指示下降至 0% 时，关 V19 阀。

（4）T-102 泄油

① 手动置 LV104 于 50%，将 T-102 中的油倒入 D-101。

② 当 T-102 液位指示 LIC104 下降至 10% 时，关 LV104。

③ 手动关闭 TV103，停 E-102。

④ 打开 T-102 泄油阀 V18，T-102 液位 LIC104 下降至 0% 时，关 V18。

（5）T-102 泄压

① 手动打开 PV104 至开度 50%，开始 T-102 系统泄压。

② 当 T-102 系统压力降至常压时，关闭 PV104。

4．吸收油贮罐 D-101 排油

（1）当停 T-101 吸收油进料后，D-101 液位必然上升，此时打开 D-101 排油阀 V10 排污油。

（2）直至 T-102 中油倒空，D-101 液位下降至 0%，关 V10。

2-10-9

分离过程操作与设备

任务实施

工作任务单　吸收－解吸的停车操作

姓名：	专业：	班级：	学号：	成绩：

步骤	内容
任务描述	请以操作人员（外操岗位）的身份进入本任务的学习，在任务中按照操作规程，完成吸收－解吸的停车操作。
应知应会要点	（需学生提炼）
任务实施	1. 学习吸收－解吸停车控制方案。 2. 启动仿真软件，完成停车工况，要求成绩在 85 分以上，在 20min 内完成。

任务总结与评价

在操作过程中遇到的难点是什么？你是如何解决的？

任务三
吸收－解吸单元的事故处理

任务描述

请以操作人员（外操岗位）的身份进入本任务的学习，在任务中按照操作规程，完成吸收－解吸单元的事故处理操作。

应知应会

本工段涉及的事故有：冷却水中断、加热蒸汽中断、仪表风中断（各调节阀全开或全关）、停电（泵停止运转）、泵坏（切换备用泵）、解吸塔出料阀卡、解吸塔塔釜换热器结垢严重。物料中断及设备故障时造成界面上的参数变化均不相同，要求根据界面上参数的变化，对比正常值，快速分析出事故原因，做出相应处理操作。

1. 冷却水中断

主要现象：

（1）冷却水流量为 0。

（2）入口管路各阀处于常开状态。

2-10-10

模块二　吸收－解吸技术
项目十　吸收－解吸单元操作仿真训练

处理方法：

（1）停止进料，关 V1 阀。

（2）手动关 PV103 保压。

（3）手动关 FV104，停 T-102 进料。

（4）手动关 LV105，停产品出料。

（5）手动关 FV103，停 T-101 回流。

（6）手动关 FV106，停 T-102 回流。

（7）关 LIC104 前后阀，保持液位。

2．加热蒸汽中断

主要现象：

（1）加热蒸汽管路各阀开度正常。

（2）加热蒸汽入口流量为 0。

（3）塔釜温度急剧下降。

处理方法：

（1）停止进料，关 V1 阀。

（2）停 T-102 回流。

（3）停 D-103 产品出料。

（4）停 T-102 进料。

（5）关 PV103 保压。

（6）关 LIC104 前后阀，保持液位。

3．仪表风中断

主要现象：各调节阀全开或全关。

处理方法：

（1）打开 FRC103 旁路阀 V3。

（2）打开 FIC104 旁路阀 V5。

（3）打开 PIC103 旁路阀 V6。

（4）打开 TIC103 旁路阀 V8。

（5）打开 LIC104 旁路阀 V12。

（6）打开 FIC106 旁路阀 V13。

（7）打开 PIC105 旁路阀 V14。

（8）打开 PIC104 旁路阀 V15。

（9）打开 LIC105 旁路阀 V16。

（10）打开 FIC108 旁路阀 V17。

4．停电

主要现象：

（1）泵 P101A/B 停。

（2）泵 P102A/B 停。

处理方法：

（1）打开泄液阀 V10，保持 LI102 液位在 50%。

（2）打开泄液阀 V19，保持 LI105 液位在 50%。

（3）关小加热油流量，防止塔温过高。

（4）停止进料，关 V1 阀。

5. P101A 泵坏

主要现象：

（1）FRC103 流量降为 0。

（2）塔顶 C_4 含量上升，温度上升，塔顶压力上升。

（3）釜液位下降。

处理方法：

（1）停 P101A，先关泵后阀，再关泵前阀。

（2）开启 P101B，先开泵前阀，再开泵后阀。

（3）由 FRC103 调至正常值，并投自动。

6. LIC104 调节阀卡

主要现象：

（1）FI107 降至 0。

（2）塔釜液位上升，并可能报警。

处理方法：

（1）关 LIC104 前后阀 VI13，VI14。

（2）开 LIC104 旁路阀 V12 至 60% 左右。

（3）调整旁路阀 V12 开度，使液位保持在 50%。

7. 换热器 E-105 结垢严重

主要现象：

（1）调节阀 FIC108 开度增大。

（2）加热蒸汽入口流量增大。

（3）塔釜温度下降，塔顶温度也下降，塔釜 C_4 含量上升。

处理方法：

（1）关闭富气进料阀 V1。

（2）手动关闭产品出料阀 LIC102。

（3）手动关闭再沸器后，清洗换热器 E-105。

任务实施

工作任务单　吸收 - 解吸单元的事故处理

姓名：	专业：		班级：	学号：	成绩：
步骤	内容				
任务描述	请以操作人员（外操岗位）的身份进入本任务的学习，在任务中按照操作规程，完成吸收 - 解吸单元的事故处理操作。				
应知应会要点	（需学生提炼）				

模块二　吸收－解吸技术
项目十　吸收－解吸单元操作仿真训练

续表

		1. 启动仿真软件，完成事故处理工况，要求成绩在 95 分以上，在 30min 内完成。

2. 梳理以下各个事故的现象、原因及处理措施，以便在后续事故处理过程中迅速做出判断。

任务实施

序号	事故	现象	原因	处理措施
1	冷却水中断			
2	加热蒸汽中断			
3	泵坏（切换备用泵）			
4	解吸塔出料阀卡			
5	解吸塔塔釜换热器结垢严重			

任务总结与评价

　　请根据所学的吸收－解吸事故处理仿真操作，写下你认为吸收－解吸操作工在事故处理环节应掌握的知识及技能。

项目评价

项目综合评价表

姓名		学号		班级	
组别		组长及成员			

项目成绩：　　　　　　　　　　　总成绩：

任务	任务一	任务二	任务三
成绩			

自我评价

维度	自我评价内容	评分 （1～10分）
知识	理解吸收-解吸单元的工艺流程	
	掌握吸收-解吸单元操作中关键参数的调控要点	
	掌握吸收-解吸操作中典型事故的现象和产生原因，以及设备的维护与保养	
能力	能根据开车操作规程，配合班组指令，进行吸收-解吸单元的开车操作	
	能根据停车操作规程，配合班组指令，进行吸收-解吸单元的停车操作	
	根据生产中关键参数的正常运行区间，能够及时判断参数的波动方向和波动程度	
素质	在工作中具备较强的表达能力和沟通能力	
	遵守操作规程，具备严谨的工作态度	
	面对参数波动和生产故障时，具备沉着冷静的心理素质和敏锐的观察判断能力	
	在完成班组任务过程中，时刻牢记安全生产、清洁生产和经济生产	

我的反思	我的收获	
	我遇到的问题	
	我最感兴趣的部分	
	其他	

 项目拓展

事故处理的"四不放过"

《国务院关于转发全国安全生产会议纪要的通知》"三不放过",即:事故原因分析不清不放过,事故责任者和群众没有受到教育不放过,没有防范措施不放过。《国务院办公厅关于加强安全工作的紧急通知》(国办发明电〔2004〕7号)提出"四不放过"。根据《国务院关于特大安全事故行政责任追究的规定》(国务院令第302号),严肃追究有关领导和责任人的责任。

1. "四不放过"的具体内容

国家对发生事故后的"四不放过"处理原则,其具体内容是:

① 事故原因未查清不放过;

② 责任人员未处理不放过;

③ 整改措施未落实不放过;

④ 有关人员未受到教育不放过。

2. "四不放过"的含义

"四不放过"原则的第一层含义是要求在调查处理伤亡事故时,首先要把事故原因分析清楚,找出导致事故发生的真正原因,不能敷衍了事,不能在尚未找到事故主要原因时就轻易下结论,也不能把次要原因当成真正原因,未找到真正原因决不轻易放过,直至找到事故发生的真正原因,并搞清各因素之间的因果关系才算达到事故原因分析的目的。

"四不放过"原则的第二层含义也是安全事故责任追究制的具体体现,对事故责任者要严格按照安全事故责任追究规定和有关法律、法规的规定进行严肃处理。

"四不放过"原则的第三层含义是要求在调查处理工伤事故时,不能认为原因分析清楚了,有关人员也处理了就算完成任务了,还必须使事故责任者和广大群众了解事故发生的原因及所造成的危害,并深刻认识到搞好安全生产的重要性,使大家从事故中吸取教训,在今后工作中更加重视安全工作。

"四不放过"原则的第四层含义是要求必须针对事故发生的原因,在对安全生产工伤事故必须进行严肃认真的调查处理的同时,还必须提出防止相同或类似事故发生的切实可行的预防措施,并督促事故发生单位加以实施。只有这样,才算达到了事故调查和处理的最终目的。

扩展思考:

小组3~4人,结合化工生产中的事故处理"四不放过"原则,谈谈对责任的理解,可以视频、PPT、读后感等呈现,形式不限。

项目十一 吸收－解吸操作实训

学习目标

知识目标

1. 了解实训操作中的现场安全知识。
2. 掌握吸收－解吸的流程及阀门认知。
3. 掌握吸收－解吸的开车前需做的准备工作。
4. 掌握吸收－解吸的开车操作。
5. 掌握吸收－解吸实训操作中数据的正确采集方法。
6. 掌握吸收－解吸的停车及事故处理操作。

能力目标

1. 能够根据所学的实训安全知识，在实训现场做好安全防护与安全操作。
2. 能够根据吸收－解吸流程图及阀门的认知，在现场进行正确操作。
3. 能够根据所学的开停车操作，进行吸收－解吸实训的开停车实训操作。
4. 能够根据实训现场情况与教师指令，完成相关操作。

素质目标

1. 通过吸收－解吸的实训操作，具备实际工厂的工作意识。
2. 通过安全知识的学习，具备安全生产意识。
3. 通过班组知识的学习，具备工厂团队协作意识。
4. 通过实训过程的数据采集，具备严谨的科学意识。

项目导言

气体的吸收与解吸装置是化工常见的装置，在气体净化中常使用溶剂来吸收有害气体，保证合格的原料气供给。在合成氨脱硫、脱碳工段均采用溶剂吸收法脱除有害气体，溶剂吸收法吸收效率高，装置运行费用低廉。

本装置考虑学校实际需求状况，采用水 - 二氧化碳体系为吸收 - 解吸体系，进行实训装置设计。

本项目主要内容有：

① 现场开车操作；

② 停车与事故处理。

分离过程操作与设备

任务一
现场开车操作

任务描述

请以操作人员的身份进入本任务的学习，在任务中掌握填料吸收、解吸的流程，开车前的准备工作，液相开车及气液联动开车操作，完成塔与泵的进出口温度、流量、压力等数据的测量采集。

应知应会

一、实训装置流程

如图 11-1 所示，二氧化碳钢瓶内二氧化碳经减压后与风机出口空气按一定比例混合（通常控制混合气体中 CO_2 含量在 5%～20%），经稳压罐稳定压力及气体成分混合均匀后，进入吸收塔下部，混合气体在塔内和吸收液体逆向接触，气体中的二氧化碳被水吸收后，由塔顶排出。

吸收 CO_2 气体后的富液由吸收塔底部排出至富液槽，富液经富液泵送至解吸塔上部，与解吸空气在塔内逆向接触。富液中二氧化碳被解吸出来，解吸出的气体由塔顶排出放空，解吸后的贫液由解吸塔下部排入贫液槽。贫液经贫液泵送至吸收塔上部循环使用，继续进行二氧化碳气体吸收操作。

二、工艺操作指标

二氧化碳钢瓶出口压力	$\leqslant 4.8$MPa
减压阀后压力	$\leqslant 0.04$MPa
二氧化碳减压阀后流量	100L/h
吸收塔风机出口风量	2m³/h
吸收塔进气压力	2.0～6.0kPa
贫液泵出口流量	1m³/h
解吸塔风机出口风量	16m³/h
解吸塔风机出口压力	1.0kPa
富液泵出口流量	1m³/h
贫液槽液位	1/2～2/3 液位计
富液槽液位	1/3～2/3 液位计
吸收塔液位	1/3～2/3 液位计
解吸塔液位	1/3～2/3 液位计

三、主要设备

（1）主要罐类设备　吸收 - 解吸实训主要罐类设备见表 11-1。

模块二 吸收-解吸技术
项目十一 吸收-解吸操作实训

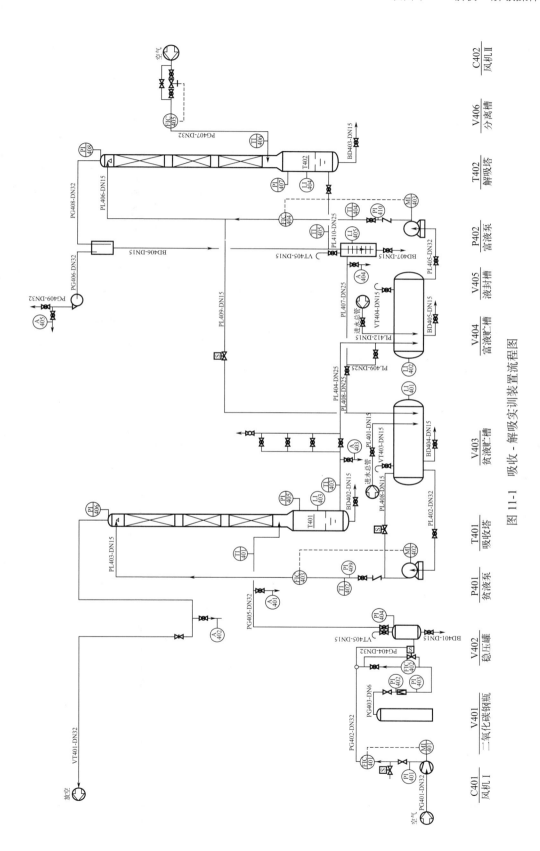

图 11-1 吸收-解吸实训装置流程图

分离过程操作与设备

表 11-1　吸收 - 解吸实训主要罐类设备

序号	名称	规格	容积（估算）	材质	结构形式
1	贫液槽	ϕ426mm × 600mm	85L	304 不锈钢	卧式
2	富液槽	ϕ426mm × 600mm	85L	304 不锈钢	卧式
3	稳压罐	ϕ300mm × 500mm	35L	304 不锈钢	立式
4	液封槽	ϕ102mm × 400mm	3L	304 不锈钢	立式
5	分离槽	ϕ120mm × 200mm	2L	玻璃	立式

（2）塔类及其附件一览表　吸收 - 解吸实训塔类设备及附件见表 11-2。

表 11-2　吸收 - 解吸实训塔类设备及附件一览表

序号	名称	规格	备注
1	吸收塔	主体塔节有机玻璃 ϕ100mm × 1500mm；上出口段，不锈钢，ϕ108mm × 150mm；下部入口段，不锈钢 ϕ200mm × 500mm	不锈钢规整丝网填料，高度 1500mm
2	解吸塔	主体塔节有机玻璃 ϕ100mm × 1500mm；上出口段，不锈钢，ϕ108mm × 150mm；下部入口段，不锈钢 ϕ200mm × 500mm	不锈钢丝网填料，高度 1500mm

（3）主要动力设备一览表　吸收 - 解吸实训主要动力设备见表 11-3。

表 11-3　吸收 - 解吸实训主要动力设备

序号	设备位号	名称	规格	备注
1	C401	风机 I	漩涡气泵 功率：0.12kW 最大流量：21m³/h 工作电压：380V	HG-120-C 220V（单相）
2	C402	风机 II	漩涡气泵 功率：0.75kW 最大流量：110m³/h 工作电压：380V	HG-750-C 380V（三相）
3	P401	吸收水泵 P401	不锈钢材质 扬程：14.6m 流量：3.6m³/h 供电：三相 380V，0.37kW 泵壳材质：不锈钢 进口：G1 又 1/4，出口 G1	MS60/0.37 380V（三相）
4	P402	吸收水泵 P402	不锈钢材质 扬程：14.6m 流量：3.6m³/h 供电：三相 380V，0.37kW 泵壳材质：不锈钢 进口：G1 又 1/4，出口 G1	MS60/0.37 380V（三相）

2-11-4

模块二　吸收－解吸技术

项目十一　吸收－解吸操作实训

四、开车前准备

（1）由相关操作人员组成装置检查小组，对本装置所有设备、管道、阀门、仪表、电气、照明、保温等按工艺流程图要求和专业技术要求进行检查。

（2）检查所有仪表是否处于正常状态。

（3）检查所有设备是否处于正常状态。

（4）试电

① 检查外部供电系统，确保控制柜上所有开关均处于关闭状态。

② 开启外部供电系统总电源开关。

③ 打开控制柜上空气开关（QF1）。

④ 打开仪表电源空气开关（QF2）、仪表电源开关。查看所有仪表是否上电，指示是否正常。

⑤ 将各阀门顺时针旋转到关的状态。检查孔板流量计正压阀和负压阀是否均处于开启状态（实验中保持开启）。

（5）加装实训用水

① 打开贫液槽（V403）、富液槽（V404）、吸收塔（T401）、解吸塔（T402）的放空阀（V14、V28、V12、V45），关闭各设备排污阀（V09、V15、V20、V29、V35、V40）。

② 开贫液槽（V403）进水阀（V13），往贫液槽（V403）内加入清水，至贫液槽液位 1/2 ～ 2/3 处，关进水阀（V13）；开富液槽（V404）进水阀（V27），往富液槽（V404）内加入清水，至富液槽液位 1/2 ～ 2/3 处，关进水阀（V27）。

五、操作步骤

（1）液相开车

① 开启贫液泵（P401）进水阀（V16），启动贫液泵（P401），开启贫液泵（P401）出口阀（V19），往吸收塔（T401）送入吸收液，调节贫液泵（P401）出口流量为 1m³/h，开启阀 V22、阀 V23，控制吸收塔（扩大段）液位在 1/3 ～ 2/3 处。

② 开启富液泵（P402）进水阀（V30），启动富液泵（P402），开启富液泵出口阀（V32），调节富液泵（P402）出口流量为 0.5m³/h，全开阀 V33、阀 V37。

③ 调节富液泵（P402）、贫液泵（P401）出口流量趋于相等，控制富液槽（V404）和贫液槽（V403）液位处于 1/3 ～ 2/3 处，调节整个系统液位、流量稳定。

（2）气液联动开车

① 启动风机Ⅰ（C401），打开风机Ⅰ（C401）出口阀（V01），稳压罐（V402）出口阀（V08）向吸收塔（T401）供气，逐渐调整出口风量为 2m³/h。

② 调节二氧化碳钢瓶（V401）减压阀（V04），控制减压阀（V04）后压力 < 0.04MPa，流量为 100L/h。

③ 调节吸收塔顶放空阀 V12，控制塔内压力在 0 ～ 7.0kPa。

④ 根据实验选定的操作压力，选择相应的吸收塔（T401）排液阀（V22、V23、V24、V25），稳定吸收塔（T401）液位在可视范围内。

⑤ 吸收塔气液相开车稳定后，进入解吸塔气相开车阶段。启动风机Ⅱ（C402），打开解吸塔气体调节阀（V41、V42、V43），调节气体流量在 4m³/h，缓慢开启风机Ⅱ

分离过程操作与设备

（C402）出口阀（V45），调节塔釜压力在 -7.0 ～ 0kPa，稳定解吸塔（T402）液位在可视范围内。

六、操作注意事项

安全生产，控制好吸收塔和解吸塔液位，做好富液槽液封操作，严防气体窜入贫液槽和富液槽，严防液体进入风机Ⅰ和风机Ⅱ。

符合净化气质量指标前提下，分析有关参数变化，对吸收液、解吸液、解吸空气流量进行调整，保证吸收效果。

注意系统吸收液量，定时往系统补入吸收液。

要注意吸收塔进气流量及压力稳定，随时调节二氧化碳流量和压力至稳定值。

防止吸收液跑、冒、滴、漏。

注意泵密封与泄漏。注意塔、槽液位和泵出口压力变化，避免产生汽蚀。

经常检查设备运行情况，如发现异常现象应及时处理或通知老师处理。

整个系统采用气相色谱在线分析。

任务实施

工作任务单　现场开车操作

姓名：	专业：		班级：	学号：	成绩：
步骤	内容				
任务描述	请以操作人员的身份进入本任务的学习，在任务中掌握填料吸收、解吸的流程；学会做好开车前的准备工作；完成塔与泵的进出口温度、流量、压力等数据的测量采集。				
应知应会要点	（需学生提炼）				
任务实施	1. 熟悉流程及所使用的仪表。请在下图中标注出设备及阀门的名称，并确认各阀门仪表的状态。 				

续表

2. 开车前准备工作。

（1）各阀门_____时针旋转到关的状态；

（2）外部供电系统，控制柜上所有开关均处于____状态；

（3）贫液槽（V403）加入清水，至贫液槽液位____处；

（4）富液槽（V404）内加入清水，至富液槽液位____处。

3. 液相开车后富液泵与贫液泵出口温度与流量采集。

序号	时间	富液泵出口温度 /℃	富液泵出口流量 / （m³/h）	贫液泵出口温度 /℃	贫液泵出口流量 / （m³/h）
1					
2					
3					
4					
5					
6					
7					
8					

4. 在本实验中除气相色谱分析吸收结果外，还有哪些分析方法可进行产物浓度分析？

（左侧：任务实施）

任务总结与评价

谈谈本次任务的收获与感受。

任务二
停车操作与事故处理

任务描述

请以操作人员的身份进入本任务的学习，了解吸收 - 解吸实训过程中的停车操作与常见的事故处理措施。

应知应会

一、停车

关二氧化碳钢瓶出口阀门。

关贫液泵出口阀（V19），停贫液泵（P401）。

关富液泵出口阀（V32），停富液泵（P402）。

停风机Ⅰ（C401）。

停风机Ⅱ（C402）。

将两塔（T401、T402）内残液排入污水处理系统。

分离过程操作与设备

检查停车后各设备、阀门、仪表状况。

切断装置电源，做好操作记录。

场地清理。

二、异常现象及处理

在吸收解吸正常操作中，由教师给出隐蔽指令，通过不定时改变某些阀门、风机或泵的工作状态来扰动吸收解吸系统正常的工作状态，分别模拟出实际吸收解吸生产工艺过程中的常见故障，学生根据各参数的变化情况、设备运行异常现象，分析故障原因，找出故障并动手排除故障，以提高学生等对工艺流程的认识度和实际动手能力。

吸收 - 解吸实训异常现象及处理方法见表 11-4。

表 11-4　吸收 - 解吸实训异常现象及处理方法

序号	异常现象	处理方法
1	进吸收塔混合气中二氧化碳浓度波动大	改变吸收质中的二氧化碳流量，分析引起系统异常的原因并作处理，使系统恢复到正常操作状态
2	吸收塔压力保持不住（无压力）	改变吸收塔放空阀工作状态，使系统恢复到正常操作状态
3	吸收塔液相出口流量减少	改变贫液泵出口流量，使系统恢复到正常操作状态
4	吸收过程中出现液泛现象	液泛是流入的气体流量大，使液体不能正常下降的现象，解决方法是将强力风机调小或关小相应的阀门
5	吸收过程出现气体泄漏	检查液封是否正常，检查阀门的开闭情况，再根据相应事故寻找具体处理方法

任务实施

工作任务单　停车操作与事故处理

姓名：	专业：	班级：	学号：	成绩：
步骤	内容			
任务描述	请以操作人员的身份进入本任务的学习，了解吸收 - 解吸实训过程中的停车操作与常见的事故处理措施。			
应知应会要点	（需学生提炼）			
任务实施	1. 写出停车的步骤。 2. 在实训过程中，你是否遇到了故障？你是如何解决的？			

任务总结与评价

谈谈本次任务的收获与感受。

项目评价

项目综合评价表

姓名		学号		班级	
组别		组长及成员			
项目成绩：			总成绩：		
任务	任务一			任务二	
成绩					

自我评价

维度	自我评价内容	评分（1～10分）
知识	了解实训操作中的现场安全知识	
	掌握吸收-解吸的流程及阀门认知	
	掌握吸收-解吸的开车前需做的准备工作	
	掌握吸收-解吸的开车操作	
	掌握吸收-解吸实训操作中数据的正确采集方法	
	掌握吸收-解吸的停车及事故处理操作	
能力	能够根据所学的实训安全知识，在实训现场做好安全防护与安全操作	
	能够根据吸收-解吸流程图及阀门的认知，在现场进行正确操作	
	能够根据所学的开停车操作，进行吸收-解吸实训的开停车实训操作	
	能够根据实训现场情况与教师指令，完成相关操作	
素质	通过吸收-解吸的实训操作，具备实际工厂的工作意识	
	通过安全知识的学习，具备安全生产意识	
	通过班组知识的学习，具备工厂团队协作意识	
	通过实训过程的数据采集，具备严谨的科学意识	
我的反思	我的收获	
	我遇到的问题	
	我最感兴趣的部分	
	其他	

项目拓展

气相色谱法测定吸收解吸中产品浓度

气相色谱（gas chromatography，简称 GC）是 20 世纪 50 年代出现的一项重大科学技术成就。这是一种新的分离、分析技术，它在工业、农业、国防、建设等领域都得到了广泛应用。

气相色谱的结构与原理

气相色谱仪由五大系统组成：气路系统、进样系统、分离系统、温控系统、检测记录系统。组分能否分开，关键在于色谱柱；分离后组分能否鉴定出来则在于检测器，所以分离系统和检测记录系统是仪器的核心。

在实际工作中，当我们拿到一个样品时，我们该怎样进行定性和定量分析，建立一套完整的分析方法是关键，下面介绍一些常规的步骤。

1. 样品的来源与预处理

GC 能直接分析气体或者液体样品，固体样品在分析前应溶解在适当的溶剂中，而且还要保证样品中不包含 GC 不能分析的组分，否则可能会损坏色谱柱。

2. 确定仪器的配置

一般首先要选择检测器的类型，碳氢化合物通常选择 FID 检测器，含有电负性基团较多且碳氢含量较少的物质宜选择 ECD 检测器；根据待测组分性质选择合适的色谱柱，一般遵循相似相溶规律，分离非极性物质时选择非极性色谱柱，分离极性物质选择极性色谱柱。色谱柱选定后根据样品中待测组分的分配系数的差值情况，确定色谱柱的工作温度，简单体系采用等温方式，分配系数相差较大的复杂体系采用程序升温方式进行分析。

3. 确定初始操作条件

当样品准备好，且仪器配置确定之后，就可开始进行尝试性分离。这时要确定初始分离条件，主要包括进样量、进样口温度、检测器温度、色谱柱温度和载气流速。进样量要根据样品浓度、色谱柱容量和检测器灵敏度来确定。样品浓度不超过 10mg/mL 时填充柱的进样量通常为 1～5μL，而对于毛细管柱，当分流比为 50∶1 时，进样量一般不超过 2μL。进样口温度主要由样品的沸点范围决定，还要考虑色谱柱的使用温度。原则上讲，进样口温度高一些有利，一般要接近样品中沸点最高的组分的沸点，但要低于易分解温度。

4. 分离条件优化

分离条件优化目的就是要在最短的分析时间内达到符合要求的分离结果。在改变柱温和载气流速也达不到基线分离的目的时，就应更换更长的色谱柱，甚至更换不同固定相的色谱柱，因为在 GC 中，色谱柱是分离成败的关键。

5. 定性鉴定

所谓定性鉴定就是确定色谱峰的归属。对于简单的样品，可通过标准物质对照来定性。就是在相同的色谱条件下，分别注射标准样品和实际样品，根据保留值即可确定色谱图上哪个峰是要分析的组分。定性时必须注意，在同一色谱柱上，不同化合物可能有相同的保留值，所以，对未知样品的定性仅仅用一个保留数据是不够的，双柱或多柱保留指数定性是 GC 中较为可靠的方法，因为不同的化合物在不同的色谱柱上具有相同保留值的概率要小得多。条件允许时可采用气相色谱质谱联机定性。

6. 定量分析

要确定用什么定量方法来测定待测组分的含量。常用的色谱定量方法不外乎峰面积（峰高）百分比法、归一化法、内标法、外标法和标准加入法（又叫叠加法）。峰面积（峰高）百分比法最简单，但最不准确。只有样品由同系物组成或者只是为了粗略地定量时，该法才是可选择的。

7. 方法的验证

所谓方法的验证就是要证明所开发方法的实用性和可靠性。实用性一般指所用仪器配置是否全部可作为商品购得，样品处理方法是否简单操作，分析时间是否合理，分析成本是否可被同行接受等。

模块三

萃取及其他分离技术

项目十二　萃取基础知识

学习目标

知识目标
1. 理解萃取中常用的基本术语。
2. 掌握液液萃取的基本原理。
3. 掌握工业常见的萃取的基本流程。
4. 了解萃取的常用设备。
5. 掌握什么是超临界萃取。
6. 了解超临界萃取的流程。

能力目标
1. 能运用萃取基础知识，在实训等场合中正确使用萃取设备。
2. 能根据萃取流程，查阅相关资料进行萃取相组分的分析。
3. 根据萃取设备的讲解，能够在工艺生产中选用恰当的设备。

素质目标
1. 通过引导学生对萃取知识与设备的了解，帮助学生逐步建立工程观念，培养学生追求知识、严谨治学的科学态度。
2. 通过对萃取设备的认知与学习，培养学生理论联系实际的能力。

项目导言

近年来，随着生命科学、材料科学、精细化工等新兴学科的逐步发展，促进了现代分离技术的广泛应用，逐步完善了分离学科理论，大大提高了现代分离技术水平，逐渐发展成为一门独立的学科。萃取作为一种经典的分离方法，在分离科学领域占有重要地位。本质是利用萃取剂成功地将物质的亲水性变为疏水性，从而实现两者的分离。因此，萃取剂在萃取作业中扮演着重要的角色。在化学领域，萃取虽然只是分离技术之一，但是却关系到几乎所有的成果，甚至关系到整个科研项目的成败。因此，要更加注重萃取

分离过程操作与设备

的操作步骤，始终坚持严谨、科学、认真的态度，科学合理地选择化学过程中使用的萃取剂，确保萃取剂能够提高萃取率，保证萃取的有效可靠性，达到物料分离的预期目标，顺利进行化学过程。

任务一
了解萃取的基本过程和原理

任务描述

请以新入职员工的身份进入本任务的学习，在任务中学习化工中常见的萃取工艺相关知识。

应知应会

萃取是指利用组分在两个互不相溶的液相中的溶解度差异而将其从一个液相转移到另一个液相的分离过程称为液液萃取也叫溶剂萃取，简称萃取。待分离的一相称为被萃相，用作分离剂的相称为萃取相。萃取相中起萃取作用的组分称为萃取剂，起溶剂作用的组分称为稀释剂或溶剂。分离完成后的被萃相又称为萃余相。萃取过程主要用于分离和提取已经存在于液相中的某种物质，在石油化工、湿法冶金、核工业、生化、食品、医药、轻工等领域被广泛使用。

萃取分离可分为液固萃取、液液萃取和超临界萃取三大类。

其中，液液萃取因能量消耗低、操作条件温和等优点被广泛应用在各个领域。通常被称作溶剂萃取。

溶剂萃取是利用溶质在两个互不混溶的液相（通常为水相和有机溶剂相）中溶解度和分配性质上的差异进行的分离操作。

在萃取过程中常用到以下术语：

1. 分配比

分配比也称分配系数，是指达到萃取平衡时，被萃取物在两相中的浓度比。

$$C = \frac{c_{A(O)}}{c_{A(a)}}$$ （12-1）

其中，$c_{A(O)}$ 表示被萃物在萃取相中的浓度；$c_{A(a)}$ 代表被萃物在萃余相中的浓度。

2. 相比

萃取体系中萃取相（V_o）与被萃相（V_a）的体积比称作相比。

$$R = \frac{V_o}{V_a}$$ （12-2）

在连续萃取过程中，通常用两相的流量比取代相比。

$$r = \frac{G}{L}$$ （12-3）

其中 G 为萃取相流量，L 为被萃相流量。

3. 分离系数

分离系数表示被萃相中两种物质可被某种萃取剂所分离的难易程度，它等于这两种物质在相同萃取条件下的分配之比。

$$\beta = \frac{D_A}{D_B} \tag{12-4}$$

分离系数值越远离 1，两种物质越容易分离；反之则不容易分离。

4. 萃取剂、稀释剂、助溶剂、助萃剂

萃取相可以是一种纯的有机溶剂，但大部分是一种起萃取作用的物质溶解在一种溶剂中。起萃取作用的是萃取剂，溶剂为稀释剂。此外，如果在一种溶剂中加入少量的另一种溶剂以促进萃取剂在溶剂中的溶解，此种溶剂就称为助溶剂。如在体系中加入另一萃取剂，起辅助萃取作用，该萃取剂称为助萃剂。萃取剂应具有以下特点：

① 萃取剂中至少要有一个能与被萃物形成萃合物的官能团。常见的萃取官能团通常是一些包含 N、O、P、S 的基团。

② 萃取剂中还应包含具有较强亲油性的结构或基团，如长链烃、芳烃等，以利于萃取剂在稀释剂中的溶解，并防止被萃相对它的溶解夹带损失。

萃取剂选择要点如下。

① 选择性好表现为分离系数大。

② 萃取容量大表现为单位体积溶解萃合物多。

③ 化学稳定性强，耐酸碱、抗氧化还原、耐热、无腐蚀。

④ 易与被萃相分层，不乳化、不产生第三相（界面张力）。

⑤ 易于反萃或分离，便于萃取剂的重复利用。

⑥ 安全性好，无毒或低毒、不易燃、难挥发、环保。

⑦ 经济性好，成本低、损耗小，选择性好，表现为分离系数大。

5. 工业中常见的萃取流程

（1）单级萃取流程 料液与萃取剂在混合过程中密切接触，让被萃取的组分通过相际界面进入萃取剂，直到组分在两相间的分配基本达到平衡。然后静置沉降，分离成为两层液体。单级萃取萃取率较低，包含混合、分层和脱溶剂三个过程。

（2）多级萃取流程 多级萃取流程又可分为多级错流萃取流程和多级逆流萃取流程两类。

多级错流萃取：料液和各级萃余液都与新鲜的萃取剂相接触。萃取率较高，但萃取剂用量大。

多级逆流萃取：料液与萃取剂分别从级联或板式塔的两端加入，在级间作逆向流动，最后成为萃余液和萃取液，各自从另一端离开。萃取率较高，是工业上常用的方法。多级逆流萃取流程的特点是料液走向和萃取剂走向相反，只在最后一级中加入萃取剂，萃取剂消耗少，萃取液产物平均浓度高，产物收率较高。工业上多采用多级逆流萃取流程。

任务实施

工作任务单　了解萃取的基本过程和原理

姓名：	专业：	班级：	学号：	成绩：
步骤	内容			
任务描述	请以新入职员工的身份进入本任务的学习，在任务中学习化工中常见的萃取工艺相关知识。			
应知应会要点	（需学生提炼）			
任务实施	1. 液液萃取是利用组分＿＿＿中＿＿＿的差异而将其从一个液相转移到另一个液相的分离过程。 2. 常用的萃取剂有哪些？萃取剂的选择原则有哪些？ 3. 请用自己的语言分别描述单级萃取和多级萃取的优缺点。			

任务总结与评价

根据本次任务的学习，思考自己在学习过程中的兴趣点与学习难点，提炼个人优势。

任务二
了解萃取的设备和超临界萃取

任务描述

请以新入职员工的身份进入本任务的学习，在任务中需要学习化工生产过程中常用的萃取设备和超临界萃取的知识。

应知应会

在工业发展过程中，萃取是一个重要的提取和分离方法。萃取在能源和资源利用、生物和医药工程以及环境工程和高新材料的开发等方面面临着新的机遇和挑战，应用前景广阔，发展潜力巨大。萃取过程的工业应用广泛与萃取设备的选取和制造有着不可分割的关系。

萃取塔的结构

一、萃取设备

萃取设备的用途是实现两相之间的质量传递。目前，萃取设备的种类很多，下面将对比较常见的萃取设备进行介绍。对于液液系统，实现两相的密切接触和快速分离要比气液系统困难得多。因此，液液传质设备的类型亦很多。若根据两相接触方式，萃取设备可分为逐级接触式和微分接触式两类，而每一类又可分为有外加能量和无外加能量两种。

1. 逐级接触式萃取设备

逐级接触式萃取设备可分为：多级混合-澄清槽和筛板塔两类。

（1）多级混合-澄清槽　由混合室和澄清室两部分组成，属于分级接触传质设备。混合室中装有搅拌器，用以促进液滴破碎和均匀混合。有些搅拌器能从其下方抽汲重相，借此保证重相在级间流转。澄清室是水平截面积较大的空室，有时装有导板和丝网，用以加速液滴的凝聚分层。根据分离要求，混合-澄清槽可以单级使用，也可以组成级联。当级联逆流操作时，料液和萃取剂分别加到级联两端的级中，萃余液和萃取液则在相反位置的级中导出。混合室的工作容积是料液和萃取剂的总流量乘以萃取过程所需时间得出。澄清室的水平截面积，是分散相液体的流量除以液滴的凝聚分层速度得出。这些操作参数须经实验测定。一般认为单位体积混合室消耗相同的搅拌功率时，级效大致相等。因此，在放大设计时，可按实测的萃取时间与分层速度设计生产设备。混合-澄清槽结构简单，级效率高，放大效应小，能够适应各种生产规模，但投资和运转费用较大。

（2）筛板塔　筛板塔（图12-1），一种逐级接触式设备，依靠两项密度差，在重力的作用下两相进行分散并逆向流动。液液萃取所采用的筛板塔轻相从塔底进入，从塔顶流出，重相则相反，且两液相在塔板上呈错流流动；只是两液相的紧密接触和快速分离要比气液两相困难得多。若轻液作为分散相，它穿过塔板上的筛孔时分成液滴向上流动，液滴通过塔板上的重液层进行质量传递，然后进入重液层上面的空间聚结成轻液层。该轻液层在两相密度差的作用下，经上层筛板再次被分散成液滴而通过该板上的重液层。重液作为连续相横向流过塔板经降液管流至下层筛板。若重液作为分散相，则需将每层筛板上的降液管改为升液管，此时轻液作为连续相横向流过塔板上方的空间，经升液管流至上层筛板上方的空间，而重液相从上向下穿过每层筛板上的筛孔形成液滴而通过连续的轻液层。因此，每一块筛板连同筛板上方的空间，其功能相当于一级混合-澄清槽的作用。

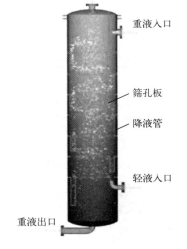

图12-1　筛板塔

2. 微分接触式液液传质设备

微分接触式液液传质设备可分为：喷洒塔、填料塔、转盘塔、离心式液液传质设备。

（1）喷洒塔　又称喷雾塔，如图12-2所示，是一种简单的塔式气液传质设备。喷洒塔是一个空心圆筒体，顶部装有液体喷淋器，使液体分散成细小液滴下降，气体以逆流方式与液滴接触进行传质。这种设备的优点是结构简单，造价低廉，气体压降小，缺点是液体喷洒动力消耗大，出口气体中雾沫夹带多，设备内气体返混较严重。它多用于易溶气体的吸收，也可用于气体洗涤。

（2）填料塔　是指流体阻力小，适用于气体处理量大而液体量小的过程。液体沿填料表面自上向下流动，气体与液体成逆流或并流，视具体反应而定。填料塔内存液量较小。无论气相或液相，其在塔内的流动形式均接近于活塞流。若反应过程中有固相生成，不宜采用填料塔。

（3）转盘塔　如图 12-3 所示，是一种常用的液液萃取设备。塔内装有多层的固定环形板，中间搅拌轴，轴上装有多层圆盘，每层圆盘都位于相邻两固定环形板的中间。转盘的作用促进了液滴的分散，有利于改善传质效率。转盘塔是工业上使用较多的萃取塔。

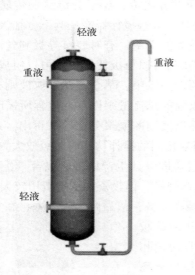

图 12-2　喷洒塔

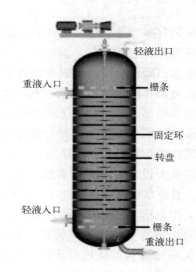

图 12-3　转盘塔

（4）离心式液液传质设备　萃取专用的离心机，由于可以利用离心力加速液滴的沉降分层，所以允许剧烈搅拌使液滴细碎，从而强化萃取操作。离心萃取机有分级接触和微分接触两类。前者在离心分离机内加上搅拌装置，形成单级或多级的离心萃取机，有路维斯塔式和圆筒式离心萃取机。后者的转鼓内装有多层同心圆筒，筒壁开孔，使液体兼有膜状与滴状分散，如波德比尔涅克式离心萃取机。离心萃取机特别适用于两相密度差很小或易乳化的物系，由于物料在机内的停留时间很短，因而也适用于化学和物理性质不稳定的物质的萃取。

图 12-4　超临界萃取设备

二、超临界流体萃取技术

超临界流体萃取，简称 SFE，是近 20 年来迅速发展起来的一种新型的萃取分离技术。利用超临界流体作为萃取剂，该流体具有气体和液体之间的性质，且对许多物质均具有特别强的溶解能力，分离速率远比液体萃取剂快，能够实现高效的分离过程。目前，超临界流体萃取已形成了一门新的化工分离技术，并开始在炼油、食品、香料等工业中的一些特定组分的分离上展示了它的应用前景。超临界萃取设备见图 12-4。

1. 流体的临界特征

稳定的纯物质及由其组成的定组成混合物具有固有的临界状态点，临界状态点是气液不分的状态，混合物既有气体的性质，又有液体的性质。此状态点的温度 T、压力 p、密度 ρ 称为临界参数。在纯物质中，当操作温度超过它的临界温度时，不管施加多大的压力，也不能使其液化。因此，温度 T 是气体能够液化的最高温度，临界温度下气体液化所需的最小压力 p 就是临界压力。

2. 超临界流体特征

当物质温度较其临界值高出 $10 \sim 100℃$，压力为 $5 \sim 30MPa$ 时物质进入超临界状态，此时，压力稍有变化，就会引起密度的特别大变化。且超临界流体的密度接近于液体的密度，因此，超临界流体对液体、固体的溶解度与液体溶剂的溶解度接近。而黏度却接近于普通气体，自扩散能力比液体大 100 倍，渗透性更好。利用超临界流体的这种特性，在高密度、低温、高压条件下，萃取分离物质，略微提高温度或降低压力，即可将萃取剂与待分离物质分离。

3. 超临界流体萃取过程

与超临界流体热力学研究相比，对超临界流体传质过程的研究相对较少。以超临界流体萃取天然产物为例来描述过程的传质机理：

（1）超临界流体经外扩散和内扩散进入天然产物的微孔表面；

（2）被萃取成分与超临界流体发生溶剂化作用而溶解；

（3）溶解的被萃取成分经内扩散和外扩散进入超临界流体主体。

由于超临界流体的扩散系数较高，而溶质在超临界流体中的溶解度特别低，因此步骤（2）常常为过程的控制步骤。

4. 超临界萃取过程的影响因素

（1）压力　当温度恒定时，提高压力能够增大溶剂的溶解能力和超临界流体的密度，从而提高超临界流体的萃取容量。

（2）温度　当萃取压力较高时，温度的提高能够增大溶质蒸气压，从而有利于提高其挥发度和扩散系数。但温度提高也会降低超临界流体密度从而减小其萃取容量，温度过高还会使热敏性物质产生降解。

（3）流体密度　溶剂的溶解能力与其密度有关，密度大，溶解能力大，但密度大时传质系数较小。在恒温时，密度增加，萃取速率增加；在恒压时，随着密度增加，萃取速率下降。

（4）溶剂比　当萃取温度和压力确定后，溶剂比是一个重要参数。在低溶剂比时，经一定时间萃取后固体中残留量大。用特别高的溶剂比时萃取后固体中的残留趋于低限。但溶剂比的大小必须考虑经济性。

（5）颗粒度　一般情况下，萃取速率随固体物料颗粒尺寸减小而增加。当颗粒过大时，固体相内受传质控制，萃取速率慢，即使提高压力、增加溶剂的溶解能力，也不能有效地提高溶剂中溶质浓度。当颗粒过小时，会形成高密度的床层，使溶剂流动通道阻塞而造成传质速率下降。

5. 超临界流体萃取过程特征

（1）选用超临界流体与被萃取物质的化学性质越相似，对它的溶解能力就越大。

（2）一般选用化学性质稳定，无腐蚀性，其临界温度不过高或过低的物质作萃取剂。适用于提取或精制热敏性、易氧化性物质。

（3）超临界流体萃取剂，具有良好的溶解能力和选择性，且溶解能力随压力增加而提高。只要降低超临界相的密度，即能够将其溶解的溶质凝析出来。萃取剂和萃取质分离简单、效率高。CO_2 在 $45℃$、$7.6MPa$ 时不能溶解萘，当压力达到 $15.2MPa$，每升可溶解萘 $50g$。

（4）由于超临界流体兼有液体和气体的特性，萃取效率高。

分离过程操作与设备

（5）选用无毒的超临界流体（CO_2）作萃取剂，不能污染被萃取物质，能够用于医药、食品等工业的超临界萃取。

（6）超临界流体萃取属于高压技术范畴，需要有与此相配的设备。

6. 超临界流体萃取的典型流程及应用

（1）超临界流体萃取的典型流程　超临界流体萃取的过程是由萃取时期和分离时期组合而成的。在萃取时期，超临界流体将所需组分从原料中提取出来。在分离时期，通过变化温度或压力等参数，或其他方法，使萃取组分从超临界流体中分离出来，并使萃取剂循环使用。依照分离方法不同，能够把超临界萃取流程分为：等温法、等压法和吸附法。

① 等温法是通过变化压力使萃取组分从超临界流体中分离出来。含有萃取质的超临界流体经过膨胀阀后压力下降，其萃取质的溶解度下降。溶质析出由分离槽底部取出，充当萃取剂的气体则经压缩机送回萃取槽循环使用。

② 等压法是利用温度的变化来实现溶质与萃取剂的分离。含萃取质的超临界流体经加热升温使萃取剂与溶质分离，由分离槽下方取出溶质。作为萃取剂的气体经降温升压后送回萃取槽使用。

③ 吸附法是采用可吸附溶质而不吸附超临界流体的吸附剂使萃取物分离。萃取剂气体经压缩后循环使用。

（2）超临界流体萃取的应用　SFE（超临界萃取技术）从 20 世纪 50 年代初起先后在石油化工、煤化工、精细化工等领域得到应用。石油化工的 SFE 应用是化工生产中开发最早的行业，除主要用于渣油脱沥青外，还应用在重烃油加氢转化过程、废油回收利用及三次采油等方面。SFE 在食品工业中的应用发展迅速，目前在萃取啤酒花有效成分、天然香料植物或果蔬中提取天然香精和色素及风味物质、动植物中提取动植物油脂，以及咖啡豆或茶叶中脱除咖啡因、烟草脱尼古丁及食品脱臭等方面进行广泛研究，其中一些技术早已实现工业化应用。

任务实施

工作任务单　了解萃取的设备和超临界萃取

姓名：	专业：		班级：		学号：		成绩：
步骤	内容						
任务描述	请以新入职员工的身份进入本任务的学习，在任务中需要学习化工生产过程中常用的萃取设备及超临界萃取的知识。						
应知应会要点	（需学生提炼）						
任务实施	1. 通过对超临界萃取的学习，请用自己的语言描述超临界萃取的过程。 2. 查阅相关资料，简述超临界萃取的应用有哪些。						

任务总结与评价

根据本次任务的学习，思考自己在学习过程中的兴趣点与学习难点，提炼个人优势。

项目评价

项目综合评价表

姓名		学号		班级	
组别		组长及成员			
		项目成绩：		总成绩：	
任务		任务一		任务二	
成绩					

自我评价		
维度	自我评价内容	评分（1～10分）
知识	理解萃取中常用的基本术语	
	掌握液液萃取的基本原理	
	掌握工业常见的萃取的基本流程	
	了解萃取的常用设备	
	掌握什么是超临界萃取	
	了解超临界萃取的流程	
能力	能运用萃取基础知识，在实训等场合中正确使用萃取设备	
	能根据萃取流程，查阅相关资料进行萃取相组分的分析	
	根据萃取设备的讲解，能够在工艺生产中选用恰当的设备	
素质	通过引导学生对萃取知识与设备的了解，帮助学生逐步建立工程观念，培养学生追求知识、严谨治学的科学态度	
	通过对萃取设备的认知与学习，培养学生理论联系实际的能力	
我的反思	我的收获	
	我遇到的问题	
	我最感兴趣的部分	
	其他	

 **项目拓展**

屠呦呦和青蒿素

相传,神农利用他透明的身体尝遍百草来帮人们辨别植物是否有毒。现今,屠呦呦凭借她卓绝的努力查遍古籍寻找治疗疟疾的良方。她成为中国科学家依靠在中国本土进行的科学研究而荣获诺贝尔科学奖的第一人,这是中国医学界迄今为止获得的最高奖项,也是中医药成果获得的最高奖项。她在获奖后感言道:"中医药是个伟大的宝库,应当继承、创新与发扬。"

1972年,屠呦呦和她的同事在青蒿中提取到了一种分子式为$C_{15}H_{22}O_5$的无色结晶体,一种熔点为156～157℃的活性成分,他们将这种无色的结晶体物质命名为青蒿素。青蒿素为具有高效、速效、低毒优点的新结构类型抗疟药,对各型疟疾特别是抗性疟有特效。1986年,青蒿素获得了一类新药证书(86卫药证字X-01号)。1979年获"国家发明奖"。2011年9月,因发现青蒿素——一种用于治疗疟疾的药物,挽救了全球特别是发展中国家数百万人的生命,获得拉斯克奖和葛兰素史克中国研发中心"生命科学杰出成就奖"。2015年10月获得诺贝尔生理学或医学奖,理由是她发现了青蒿素,该药品可以有效降低疟疾患者的死亡率。她成为首获科学类诺贝尔奖的中国人。2017年1月9日获2016年国家最高科学技术奖。2018年12月18日,党中央、国务院授予屠呦呦同志"改革先锋"称号,颁授"改革先锋"奖章。2019年5月,入选福布斯中国科技50女性榜单。2020年3月入选《时代》周刊100位最具影响力女性人物榜。

项目十三 催化剂萃取单元操作仿真训练

学习目标

知识目标

1. 理解萃取单元的工艺流程。
2. 掌握萃取单元操作中关键参数的调控要点。
3. 掌握萃取操作中典型故障的现象和产生原因。

能力目标

1. 能根据开车操作规程，配合班组指令，进行萃取单元的开车操作。
2. 能根据停车操作规程，配合班组指令，进行萃取单元的停车操作。
3. 能够根据事故处理现象，在出现事故时及时做出应急处理。

素质目标

1. 在工作中具备较强的表达能力和沟通能力。
2. 遵守操作规程，具备严谨的工作态度。
3. 面对参数波动和生产故障时，具备沉着冷静的心理素质和敏锐的观察判断能力。

项目导言

萃取是利用化合物在两种互不相溶（或微溶）的溶剂中溶解度或分配系数的不同，使化合物从一种溶剂内转移到另外一种溶剂中。经过反复多次萃取，将绝大部分的化合物提取出来。

分配定律是萃取方法理论的主要依据，物质对不同的溶剂有着不同的溶解度。在两种互不相溶的溶剂中，加入某种可溶性的物质时，它能分别溶解于两种溶剂中，实验证明，在一定温度下，该化合物与此两种溶剂不发生分解、电解、缔合和溶剂化等作用时，此化合物在两液层中之比是一个定值。不论所加物质的量是多少，都是如此。用公式表示为

$$\frac{C_A}{C_B} = K \qquad (13\text{-}1)$$

C_A、C_B 分别表示一种化合物在两种互不相溶的溶剂中的物质的量浓度。K 是一个常数，称为"分配系数"。有机化合物在有机溶剂中溶解度一般比在水中溶解度大。用有机

溶剂提取溶解于水的化合物是萃取的典型实例。在萃取时，若在水溶液中加入一定量的电解质（如氯化钠），利用"盐析效应"以降低有机物和萃取溶剂在水溶液中的溶解度，常可提高萃取效果。要把所需要的化合物从溶液中完全萃取出来，通常萃取一次是不够的，必须重复萃取数次。利用分配定律的关系，可以算出经过萃取后化合物的剩余量。

化学工业、石油炼制、环境保护等工业部门用来萃取的设备叫作萃取塔，也可称作抽提塔。液液萃取是质量传递的一种方式，将混合溶液中的一种或多种化学组分，通过溶剂提取出来，使其得到分离、富集、提纯。

任务一
催化剂萃取单元的开车操作

任务描述

请以操作人员（外操岗位）的身份进入本任务的学习，在任务中按照操作规程，完成萃取的开车操作。

应知应会

1. 工艺流程简介

本装置是通过萃取剂（水）来萃取丙烯酸丁酯生产过程中的催化剂（对甲苯磺酸）。具体工艺如下：

萃取操作

将自来水（FCW）通过阀 V4001 或者通过泵 P425 及阀 V4002 送进催化剂萃取塔 C-421，当液位调节器 LIC4009 为 50% 时，关闭阀 V4001 或者泵 P425 及阀 V4002；开启泵 P413 将含有产品和催化剂的物料（R-412B）送入催化剂萃取塔 C-421 的塔底；开启泵 P412A，将来自 D-411 作为溶剂的水从 C-421 顶部加入。泵 P413 的流量由 FIC-4020 控制在 21126.6kg/h，P412 的流量由 FIC4021 控制在 2112.7kg/h。萃取后的丙烯酸丁酯主物流从塔顶排出，进入塔 C-422，塔底排出的水相中含有大部分的催化剂及未反应的丙烯酸，一路返回反应器 R-411 循环使用，一路去重组分分解器 R-460 作为分解用的催化剂（见图 13-1）。

2. 主要设备

萃取主要设备见表 13-1。

表 13-1 萃取主要设备

设备位号	设备名称
P425	进水泵
P412A/B	溶剂进料泵
P413A/B	主物流进料泵
E-415	冷却器
C-421	萃取塔

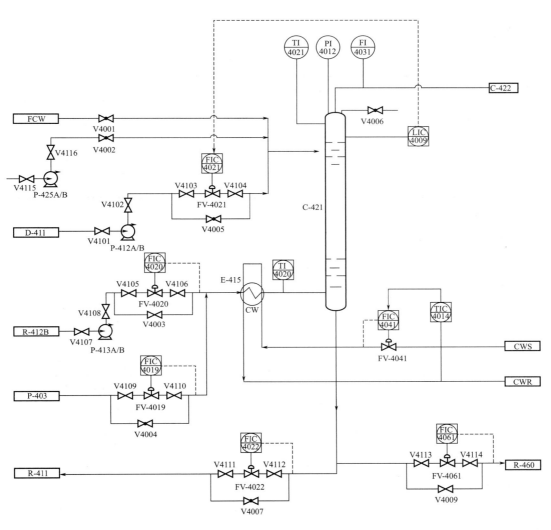

图 13-1 萃取单元的工艺流程图

3. 调节阀

萃取调节阀见表 13-2。

表 13-2 萃取调节阀

位号	所控调节阀	正常值	单位	正常工况
FIC4021	FV4021	2112.7	kg/h	串级
FIC4020	FV4020	21126.6	kg/h	自动
FIC4022	FV4022	1868.4	kg/h	自动
FIC4041	FV4041	20000	kg/h	串级
FIC4061	FV4061	77.1	kg/h	自动
LIC4009		50	%	自动
TIC4014		30	℃	自动

分离过程操作与设备

4. 显示仪表

萃取显示仪表见表 13-3。

表 13-3　萃取显示仪表

位号	显示变量	正常值	单位
TI4021	C-421 塔顶温度	35	℃
PI4012	C-421 塔顶压力	101.3	kPa
TI4020	主物料出口温度	35	℃
FI4031	主物料出口流量	21293.8	kg/h

5. 现场阀

萃取现场阀见表 13-4。

表 13-4　萃取现场阀

位号	名称	位号	名称
V4001	FCW 的入口阀	V4101	泵 P412A 的前阀
V4002	水的入口阀	V4102	泵 P412A 的后阀
V4003	调节阀 FV4020 的旁通阀	V4103	调节阀 FV4021 的前阀
V4004	C-421 的泄液阀	V4104	调节阀 FV4021 的后阀
V4005	调节阀 FV4021 的旁通阀	V4105	调节阀 FV4020 的前阀
V4007	调节阀 FV4022 的旁通阀	V4106	调节阀 FV4020 的后阀
V4009	调节阀 FV4061 的旁通阀		

6. 萃取的启动步骤及注意事项

萃取的启动步骤为：首先进行灌水，启动换热器，再依次引入反应液、引入溶剂、引 C-421 萃取液，最后将阀门调至平衡投自动。

注意事项：

（1）开车前注意公用工程是否投入使用。

（2）检查设备是否存在漏液的现象。

（3）检查各阀门是否关闭，管路是否完好。

7. 操作规程

进料前确认所有调节器为手动状态，调节阀和现场阀均处于关闭状态，机泵处于关停状态。

（1）灌水

① 当 D-425 液位 LIC-4016 达到 50% 时，全开泵 P425 的前后阀 V4115 和 V4116，启动泵 P425。

② 打开手阀 V4002，使其开度为 50%，对萃取塔 C-421 进行灌水。

③ 当 C-421 界面液位 LIC4009 的显示值接近 50% 时，关闭阀门 V4002。

④ 依次关闭泵 P425 的后阀 V4116，开关阀 V4123，前阀 V4115。

模块三　萃取及其他分离技术
项目十三　催化剂萃取单元操作仿真训练

（2）启动换热器　开启调节阀 FV4041，使其开度为 50%，对换热器 E415 通冷物料。

（3）引反应液

① 依次开启泵 P413 的前阀 V4107，开关阀 V4125，后阀 V4108，启动泵 P413。

② 全开调节器 FIC4020 的前后阀 V4105 和 V4106，开启调节阀 FV4020，使其开度为 50%，将 R-412B 出口液体经热换器 E-415 冷却后，送至 C-421。

③ 将 TIC4014 投自动，设为 30℃，并将 FIC4041 投串级。

（4）引溶剂

① 打开泵 P412 的前阀 V4101，开关阀 V4124，后阀 V4102，启动泵 P412。

② 全开调节器 FIC4021 的前后阀 V4103 和 V4104，开启调节阀 FV4021，使其开度为 50%，将 D-411 出口液体送至 C-421。

（5）引 C-421 萃取液

① 全开调节器 FIC4022 的前后阀 V4111 和 V4112，开启调节阀 FV4022，使其开度为 50%，将 C-421 塔底的部分液体返回 R-411A 中。

② 全开调节器 FIC4061 的前后阀 V4113 和 V4114，开启调节阀 FV4061，使其开度为 50%，将 C-421 塔底的另外部分液体送至重组分分解器 R-460 中。

（6）调至平衡

① 界面液位 LIC4009 达到 50% 时，投自动。

② FIC4021 达到 2112.7kg/h 时，投串级。

③ FIC4020 的流量达到 21126.6kg/h 时，投自动。

④ FIC4022 的流量达到 1868.4kg/h 时，投自动。

⑤ FIC4061 的流量达到 77.1kg/h 时，投自动。

任务实施

工作任务单　催化剂萃取单元的开车操作

姓名：	专业：		班级：	学号：		成绩：
步骤	内容					
任务描述	请以操作人员（外操岗位）的身份进入本任务的学习，在任务中按照操作规程，完成萃取的开车操作。					
应知应会要点	（需学生提炼）					
任务实施	1. 练习催化剂萃取控制单元开车流程。 2. 练习催化剂萃取控制仪表操作。 3. 启动仿真软件，完成冷态开车工况，要求成绩在 85 分以上，在 20min 内完成。					

任务总结与评价

在操作过程中遇到的难点是什么？你是如何解决的？

3-13-5

分离过程操作与设备

任务二
催化剂萃取单元的停车操作

任务描述

请以操作人员（外操岗位）的身份进入本任务的学习，在任务中按照操作规程，完成萃取单元的停车操作。

应知应会

1. 停车步骤及注意事项

停车步骤：停料、灌水、停萃取剂、塔泄液。

注意事项：

（1）注意先停主料再停萃取剂。

（2）工程停止后将塔进行泄液，避免塔体损坏。

（3）检查所有阀门是否关闭。

2. 操作规程

（1）停主物料进料

① 关闭调节阀 FV4020 的前后阀 V4105 和 V4106，将 FV4020 的开度调为 0。

② 关闭泵 P413 的后阀 V4108，开关阀 V4125，前阀 V4107。

（2）灌自来水

① 打开进自来水阀 V4001，使其开度为 50%。

② 当罐内物料相中的 BA（丙烯酸丁酯）的含量小于 0.9% 时，关闭 V4001。

（3）停萃取剂

① 将控制阀 FV4021 的开度调为 0，关闭前阀 V4103 和后阀 V4104。

② 关闭泵 P412A 的后阀 V4102，开关阀 V4124，后阀 V4101。

（4）萃取塔 C-421 泄液

① 打开阀 V4007，使其开度为 50%，同时将 FV4022 的开度调为 100%。

② 打开阀 V4009，使其开度为 50%，同时将 FV4061 的开度调为 100%。

③ 当 FIC4022 的值小于 0.5kg/h 时，关闭 V4007，将 FV4022 的开度置 0，关闭其前后阀 V4111 和 V4112。

④ 同时关闭 V4009，将 FV4061 的开度置 0，关闭其前后阀 V4113 和 V4114。

任务实施

工作任务单　催化剂萃取单元的停车操作

姓名：	专业：		班级：	学号：		成绩：
步骤	内容					
任务描述	请以操作人员（外操岗位）的身份进入本任务的学习，在任务中按照操作规程，完成萃取的停车操作。					

3-13-6

模块三　萃取及其他分离技术
项目十三　催化剂萃取单元操作仿真训练

续表

应知应会要点	（需学生提炼）
任务实施	1.练习萃取塔停车步骤。 2.启动仿真软件，完成停车工况，要求成绩在85分以上，在20min内完成。

任务总结与评价

在操作过程中遇到的难点是什么？你是如何解决的？

任务三
催化剂萃取单元的事故处理

任务描述

请以操作人员（外操岗位）的身份进入本任务的学习，在任务中按照操作规程，完成萃取的事故处理操作。

应知应会

萃取单元在操作过程中常出故障，在出现操作故障时要求操作人员能够及时进行事故处理。以下将介绍萃取常见故障的主要现象以及处理方法。

1. P412A 泵坏

事故现象：

① P412A 泵的出口压力急速下降。

② FIC4021 的流量急剧减小。

处理方法：

① 停泵 P412A。

3-13-7

分离过程操作与设备

② 换用泵 P412B。

2. 调节阀 FV4020 阀卡

事故现象：FIC4020 的流量不可调节。

处理方法：

① 打开旁通阀 V4003。

② 关闭 FV4020 的前后阀 V4105、V4106。

3. 萃取塔的维修保养

（1）装置中的萃取塔，塔内物料十分清洁，无污染，可多年一般性检查其密封，只有在填料蒸馏效果明显降低进行大修时，需将全塔拆卸，填料取出重新填充，更换损坏的填料和法兰片，并进行全塔气密性试验。

（2）每年大修时应将加热室内的污垢仔细清洗干净，并将蒸发室内壁用毛刷冲洗。

（3）每年大修时，应采用化学清洗剂对冷凝器和冷却器内的管外壁进行清洗除垢。

（4）大修时，应对仪器、仪表进行检查和校正，以使设备处于良好状态。

（5）大修时，对法兰、阀门、管件等仔细检查，损坏和失效者及时更换。

（6）大修时，应对装置中所有保温层进行检查，损坏和失效者及时更换。

任务实施

工作任务单　催化剂萃取单元的事故处理

姓名：	专业：	班级：	学号：	成绩：
步骤	内容			
任务描述	请以操作人员（外操岗位）的身份进入本任务的学习，在任务中按照操作规程，完成萃取的事故处理操作。			
应知应会要点	（需学生提炼）			
任务实施	1. 请写出萃取操作中用到的设备，以及这些设备常见的故障与处理办法。 2. 启动仿真软件，完成事故处理工况，要求成绩在 85 分以上，在 20min 内完成。			

任务总结与评价

在操作过程中遇到的难点是什么？你是如何解决的？

3-13-8

项目评价

项目综合评价表

姓名		学号		班级	
组别		组长及成员			
项目成绩:			总成绩:		
任务	任务一		任务二		任务三
成绩					
自我评价					

维度	自我评价内容	评分（1～10分）
知识	理解萃取单元的工艺流程	
	掌握萃取单元操作中关键参数的调控要点	
	掌握萃取操作中典型故障的现象和产生原因	
能力	能根据开车操作规程，配合班组指令，进行萃取单元的开车操作	
	能根据停车操作规程，配合班组指令，进行萃取单元的停车操作	
	能够根据事故处理现象，在出现事故时及时做出应急处理	
素质	在工作中具备较强的表达能力和沟通能力	
	遵守操作规程，具备严谨的工作态度	
	面对参数波动和生产故障时，具备沉着冷静的心理素质和敏锐的观察判断能力	
我的反思	我的收获	
	我遇到的问题	
	我最感兴趣的部分	
	其他	

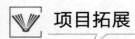 项目拓展

催化剂

在化学反应里能改变反应物的化学反应速率（既能提高也能降低）而不改变化学平衡，且本身的质量和化学性质在化学反应前后都没有发生改变的物质叫催化剂（固体催化剂也叫触媒）。据统计，有90%以上的工业过程中使用催化剂（如氨、硫酸、硝酸的合成，乙烯、丙烯、苯乙烯等的聚合，石油、天然气、煤的综合利用等）。

通常把催化剂加速化学反应，使反应尽快达到化学平衡的作用叫作催化作用，但并不改变反应的平衡。

催化剂在现代化学工业中占有极其重要的地位，例如，合成氨生产采用铁催化剂，硫酸生产采用钒催化剂，乙烯的聚合以及用丁二烯制橡胶等生产过程中，都采用不同的催化剂。使用催化剂的目的是加快反应速率，提高生产效率。在资源利用、能源开发、医药制造、环境保护等领域，催化剂也大有作为，科学家正在这些领域探索适宜的催化剂以期在某些方面有新的突破。催化剂显然是参加了反应，只是作为一个反应中介，在反应前后总量不变（注意，不是在反应中总量不变），而使得反应速度加快或减缓的一种物质。

项目十四　其他分离技术

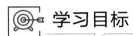

知识目标
1. 认识沉降与流化现象，了解沉降设备及其分类。
2. 了解结晶技术及其工业应用。
3. 了解常见的膜分离技术及其特点。
能力目标
能够查阅资料，学习结晶技术和膜分离技术的发展。
素质目标
通过查阅资料，注重学生的自主学习意识，提高学生的自我学习能力。

 项目导言

化工生产中的原料和产物绝大多数都是混合物，需要利用体系中各组分物性的差别或借助于分离剂使混合物得到分离提纯。它往往是获得合格产品、充分利用资源和控制环境污染的关键步骤。本项目中将介绍一些化工生产中常见的分离技术：
① 沉降与流化技术；
② 结晶技术；
③ 膜分离技术。

任务一　认识沉降与流化现象

任务描述

请以新入职员工的身份进入本任务的学习，在任务中认识沉降与流化现象。

应知应会

一、沉降

由于分散相和分散介质的密度不同，分散相粒子在力场（重力场或离心力场）作用下发生定向运动。沉降应用于化学、燃料、冶金等工业，如气体的净化、沉淀或晶体的集聚等。悬浮的固体颗粒依靠本身的重力而获得分离的称作重力沉降；利用悬浮的固体颗粒的离心力作用而获得分离的称作离心沉降。按照作用于颗粒上的外力不同，沉降分离设备可分为重力沉降设备和离心设备沉降。

(1) 重力沉降设备　含尘气体进入沉降室后，由于流通截面积突然扩大而速度减慢，如果气体通过降尘室所经历的时间等于或大于颗粒从室顶沉降到室底所需时间，颗粒便可以分离出来。降尘室（图14-1）结构简单，但体积大，分离效果不理想，即使采用多层结构可提高分离效果，也有清灰不便等问题。通常只能作为预除尘设备使用，一般只能除去直径大于 50μm 的颗粒。

重力沉降室

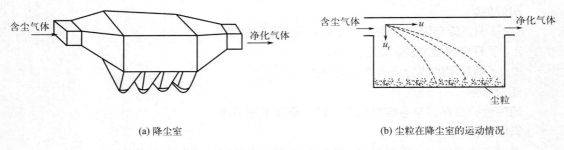

(a) 降尘室　　　　　　　(b) 尘粒在降尘室的运动情况

图 14-1　降尘室工作示意图

(2) 离心沉降设备　对于离心分离设备，通常用离心加速度和重力加速度的比值来表示离心的分离效果，旋风分离器是典型的离心沉降设备。标准型旋风分离器主体上部为圆筒形，下部为圆锥形。

含尘气体由圆筒形上部的切向长方形入口进入筒体，在器内形成一个绕筒体中心向下做螺旋运动的外漩流，在此过程中，颗粒在离心力的作用下，被甩向器壁与气流分离，并沿器壁滑落至锥底排灰口，定期排放。外漩流气体到达器底后（已除尘）变成向上的内漩流气体（净化气），最终由顶部中央排气管排出。

旋风分离器

二、流化

固体颗粒在流体作用下表现出类似流体状态的现象称为流态化，也就是流化，在床层内的流体和颗粒两相运动中，由于流速、流体与颗粒的密度差、颗粒粒径及床层尺寸的不同，可呈现出不同的流化状态，但主要分为散式流态化与聚式流态化两类。颗粒均匀地分布在整个流化床内且随着流速增加，床层均匀膨胀，床内孔隙率均匀增加，床层上界面平稳，压降稳定、波动很小。因此，散式流态化是较理想的流化状态。颗粒在床层的分布不均匀，床层呈现两相结构：一相是颗粒浓度与空隙率分布较为均匀且接近初始流态化状态的连续相，称为乳化相；另一相则是以气泡形式夹带少量颗粒穿过床层向上运动的不连续的气泡相，因此又称为鼓泡流态化。

当流体通过床层的速度逐渐提高到某值时，颗粒出现松动，颗粒间空隙增大，床层体积出现膨胀。如果再进一步提高流体速度，床层将不能维持固定状态。此时，颗粒全部悬浮于流体中，显示出相当不规则的运动。随着流速的提高，颗粒的运动愈加剧烈，床层的膨胀也随之增大，但是颗粒仍逗留在床层内而不被流体带出，床层的这种状态和

模块三　萃取及其他分离技术
项目十四　其他分离技术

液体相似，称为流化床。

任务实施

工作任务单　认识沉降与流化现象

姓名：	专业：		班级：	学号：		成绩：
步骤	内容					
任务描述	请以新入职员工的身份进入本任务的学习，在任务中认识沉降与流化现象。					
应知应会要点	（需学生提炼）					
任务实施	1. 查阅相关资料，了解目前沉降技术的应用工艺有哪些。 2. 查阅相关资料，了解目前流化技术的应用工艺有哪些。					

任务总结与评价

谈谈本次任务的收获与感悟。

任务二
认识结晶技术

任务描述

请以新入职员工的身份进入本任务的学习，在任务中认识结晶技术。

应知应会

由蒸气、溶液或者熔融物中析出固态晶体的操作称为结晶，目的为混合物的分离。结晶可分为晶核生成（成核）和晶体生长两个阶段，两个阶段的推动力都是溶液的过饱和度（结晶溶液中溶质的浓度超过其饱和溶解度之值）。晶核的生成有三种形式：即初级均相成核、初级非均相成核及二次成核。在高过饱和度下，溶液自发地生成晶核的过程，称为初级均相成核；溶液在外来物（如大气中的微尘）的诱导下生成晶核的过程，称为初级非均相成核；而在含有溶质晶体的溶液中的成核过程，称为二次成核。二次成核也属于非均相成核过程，它是在晶体之间或晶体与其他固体（器壁、搅拌器等）碰撞时所产生的微小晶粒的诱导下发生的。

构成晶体的微观粒子（分子、原子或离子）按一定的几何规则排列，由此形成的最小单元称为晶格，晶格可按晶格空间结构的区别分为不同的晶系，这种习性以及最终形成的晶体外形称为晶习。

当溶液中的过饱和度较低时，小晶体被溶解，大晶体则不断成长并使晶体外形更加完好，这就是晶体的再结晶现象。在工业中，再结晶使产品"最后熟化"，使结晶颗粒数目下降，粒度提高。

用于结晶和重结晶的常用溶剂有：水、甲醇、乙醇、异丙醇、丙酮、乙酸乙酯、氯仿、冰醋酸、二氧六环、四氯化碳、苯、石油醚等。此外，甲苯、硝基甲烷、乙醚、二甲基甲酰胺、二甲亚砜等也常使用。二甲基甲酰胺和二甲亚砜的溶解能力大，当找不到其他适用的溶剂时，可以使用。但往往不易从溶剂中析出结晶，且沸点较高，晶体上吸附的溶剂不易除去，是其缺点。乙醚虽是常用的溶剂，但是若有其他适用的溶剂时，最好不用乙醚，因为一方面由于乙醚易燃、易爆，使用时危险性特别大，应特别小心；另一方面由于乙醚易沿壁爬行挥发而使欲纯化的化学试剂在瓶壁上析出，以致影响结晶的纯度。

结晶罐

任务实施

工作任务单　认识结晶技术

姓名：	专业：	班级：	学号：	成绩：
步骤	内容				
任务描述	请以新入职员工的身份进入本任务的学习，在任务中认识结晶技术。				
应知应会要点	（需学生提炼）				
任务实施	1. 要想利用结晶进行分离，一般晶体的形成会经过哪两个阶段？ 2. 查阅资料，学习晶型的表述方法。 3. 认知结晶罐结构。				

任务总结与评价

描述你在本任务学习中的收获与感悟。

模块三　萃取及其他分离技术

项目十四　其他分离技术

任务三
认识膜分离技术

任务描述

请以新入职员工的身份进入本任务的学习，在任务中认识膜分离技术。

应知应会

在一个流体相内或两个流体相之间有一薄层凝聚相物质把流体分隔成两部分，这一薄层物质就是膜。这里所谓的凝聚相物质可以是固态的，也可以是液态或气态的。膜本身可以是均匀的一相，也可以是由两相以上的凝聚态物质所构成的复合体。常见的膜种类见表14-1。

表 14-1　常见的膜种类

膜材料	pH 范围	使用的上限温度 /℃	适用膜类型
醋酸纤维	3～8	40～45	反渗透膜
聚丙烯腈	2～10	40～45	超滤膜
聚烯烃	1～13	45～50	超滤膜
聚砜	1～13	80	超滤膜
聚醚砜	1～13	90	超滤膜

反渗透是利用反渗透膜选择性地透过溶剂（通常是水）的分离方法，主要用于水的纯化过程，对溶液施加压力，克服溶剂的渗透压，使溶剂通过反渗透膜而从溶液中分离出来。反渗透可用于从水溶液中将水分离出来，海水和苦咸水的淡化是其最主要的应用。反渗透膜都是用高分子材料制成，已从均质膜发展到非对称复合膜，膜的制备技术相对比较成熟，其应用亦十分广泛。

超滤膜一般由高分子材料和无机材料制备，膜的结构均为非对称的。超滤用于从水溶液中分离高分子化合物和微细粒子，采用具有适当孔径的超滤膜，可以进行不同分子量和形状的大分子物质的分离。微滤（microfiltration，简称 MF）与超滤的基本原理相同，它是利用孔径为 0.02～10μm 的多孔膜来过滤含有微粒或菌体的溶液，将其从溶液中除去，微滤应用领域极其广阔，目前的销售额在各类膜中占据首位。超（微）滤膜分离可以取代传统工艺中的自然沉降、板框过滤、离心机分离、溶液萃取、树脂提纯等工艺过程。澄清纯化分离所采用的膜主要是超（微）滤膜，由于其所能截留的物质直径大小分布范围广，被广泛应用于固液分离、大小分子物质的分级、脱除色素、产品提纯、油水分离等工艺过程。

电渗析也是较早研究和应用的一种膜分离技术，电渗析过程是利用离子能选择性地通过离子交换膜的性质使离子从各种水溶液中分离出来的过程，目前主要用于水溶液中除去电解质（如盐水的淡化等）、电解质与非电解质的分离和膜电解等。如水的纯化，海

3-14-5

分离过程操作与设备

水、盐泉卤水浓缩制盐，废水处理，离子膜电解盐类水溶液等。目前最重要的应用是电解食盐制造氢氧化钠等。

　　膜分离过程是一个高效、环保的分离过程，它是多学科交叉的高新技术学科，它在物理、化学和生物性质上可呈现出各种各样的特性，具有较多的优势。与传统的分离技术如蒸馏、吸附、吸收、萃取、深冷分离等相比，膜分离技术具有以下特点。

　　① 高效的分离过程；

　　② 低能耗；

　　③ 接近室温的工作温度；

　　④ 品质稳定性好；

　　⑤ 连续化操作；

　　⑥ 灵活性强；

　　⑦ 纯物理过程；

　　⑧ 环保。

　　膜分离通常在常温下操作，不涉及相变化，这对于处理热敏性物料，如食品、制药和生物工业产品来说，显得十分重要。膜分离技术一般可除去 $1\mu m$ 以下的固体粒子。

任务实施

工作任务单　认识膜分离技术

姓名：	专业：		班级：	学号：	成绩：
步骤	内容				
任务描述	请以新入职员工的身份进入本任务的学习，在任务中认识膜分离技术。				
应知应会要点	（需学生提炼）				
任务实施	查阅资料，将膜分离技术的发展情况写成一篇调查报告。				

任务总结与评价

描述你在本任务学习中的收获与感悟。

3-14-6

项目评价

项目综合评价表

姓名		学号		班级	
组别		组长及成员			

项目成绩： 总成绩：

任务	任务一	任务二	任务三
成绩			

自我评价

维度	自我评价内容	评分（1～10分）
知识	认识沉降与流化现象，了解沉降设备及其分类	
	了解结晶技术及其工业应用	
	了解常见的膜分离技术及其特点	
能力	能够查阅资料，学习结晶技术和膜分离技术的发展	
素质	通过查阅资料，注重学生的自主学习意识，提高学生的自我学习能力	

我的反思	我的收获	
	我遇到的问题	
	我最感兴趣的部分	
	其他	

项目拓展

分离技术的发展与展望

新世纪全人类面临的四大问题：环保、能源、粮食与健康医疗，每个都与化工分离过程相关。

精馏、吸收、结晶、溶剂萃取、过滤等，将向进一步完善方向发展，开发高效节能设备，提高自动化程度，拓宽适用范围等，如精馏应研究改善大直径填料精馏塔的气液均布问题，进一步开发反应精馏。结晶方面，将重点开发沉淀技术，将传统的沉淀技术与界面现象结合，前沿课题如在纳米级均匀颗粒或薄膜制备中采用的均匀沉淀技术；生产有色金属超细材料的反萃沉淀技术；快速、节能，在湿法冶金和生物分离方面有广阔前景的乳化液膜沉淀技术；将喷雾干燥与沉淀结合的喷雾沉淀技术等。超临界流体技术因其具有独特的物理化学性质，如具有液体良好的溶解能力和气体良好的扩散性，以及适宜的密度、黏度、介电常数，扩散性能随温度和压力的微小变化而发生显著变化的特性，使其在分离工程中起到独特的作用；膜分离技术方面，液体膜至今几乎无大规模工业应用，主要是由于液体膜寿命短的问题一直没有解决。

作为高科技的核心技术之一，现代生物技术将改变医学、农业、食品、能源、化学、环境保护甚至信息领域的传统面貌，将带来巨大的变革，分离技术在生物工程中的作用不可替代的，生物分离为培养液和发酵液的预处理及固-液分离、产物提取、产物纯化与精制、产品加工等。已成功应用的分离技术有离心分离、超滤膜分离，适合生物特点的分离技术还有离子交换层析、电泳、双水相萃取、反胶束萃取；另外，以高效及大规模为目标开发的生物分离技术有亲和膜分离、亲和超滤、扩张床技术、高效层析技术等。

环境保护已成为世界各国及全人类关注的问题，对环境监视的力度和对环境保护的投入在不断提高，分离工程也将在其中扮演重要的角色。进一步开发将集中在对排放物的中和利用上，如纸厂的废碱回收中的中和利用，废电池的回收及中和利用等。

21世纪是生物科学技术的时代，是全人类为生存，为健康，为保卫人类共同的家园而奋斗的时代。相信分离技术将会在新世纪的科学技术进步中起到更大作用，取得更辉煌的成就。

参考文献

[1] 刘兵，陈效毅. 化工单元操作技术. 北京：化学工业出版社，2014.

[2] 王志魁，刘丽英，刘伟. 化工原理. 4 版. 北京：化学工业出版社，2012.

[3] 姚玉英，陈常贵，柴诚敬. 化工原理（上下册）. 2 版. 天津：天津大学出版社，2004.

[4] 王志魁. 化工原理. 2 版. 北京：化学工业出版社，1998.

[5] 贾绍义，柴诚敬. 化工原理课程设计. 天津：天津大学出版社，2002.

[6] 陈敏恒，丛德滋，齐鸣斋，等. 化工原理（上下册）. 5 版. 北京：化学工业出版社，2020.

[7] 厉玉鸣. 化工仪表及自动化. 6 版. 北京：化学工业出版社，2019.

[8] 杨祖荣. 化工原理. 4 版. 北京：化学工业出版社，2021.

[9] 大连理工大学化工原理教研室. 化工原理实验. 大连：大连理工出版社，2008.

[10] 冷士良. 化工单元操作. 3 版. 北京：化学工业出版社，2019.

[11] 陈群. 化工仿真操作实训. 北京：化学工业出版社，2006.

[12] 杨百梅. 化工仿真. 北京：化学工业出版社，2004.

[13] 赵刚. 化工仿真实训指导. 北京：化学工业出版社，2013.

[14] 贾绍义. 化工原理及实验. 北京：高等教育出版社，2004.

[15] 苗顺玲. 化工单元仿真实训. 北京：石油工业出版社，2008.

[16] 饶珍. 化工单元操作技术. 北京：中国轻工业出版社，2017.

[17] 刘郁，张传梅. 化工单元操作. 北京：化学工业出版社，2018.

[18] 吴重光. 化工仿真实习指南. 3 版. 北京：化学工业出版社，2012.

[19] 杨百梅，刁香，赵世霞. 化工仿真——实训与指导. 3 版. 北京：化学工业出版社，2020.